はじめに

地震、竜巻、大雨、大雪。いつどんな災害がおこってもおかしくない環境の中でわたしたちはくらしています。災害はいつでも目の前の問題だということを、忘れないでください。わたしは日ごろ、そなえ（水や食べもの、非常持出袋など）の大切さを伝えていますが、じつは防災でいちばん大事なのは、まず命を守ることです。それにはいつも「地震にあったとき、家だったら、電車にのっていたら、そこでどう行動するか？」と考えるクセをつけることが重要です。災害は思いがけない出来事の連続です。ふだんからさまざまな想像や体験をすることが、自分を守る力につながります。身を守ることができてはじめて、災害食や日用品のそなえが活きてきます。この本では災害食を中心としたそなえについて紹介していますが、そなえることをきっかけに防災について考えてほしいと思っています。日常生活の中でしっかりそなえをし、災害時の危険や対策について学び、どんなときも元気に生きぬいてほしいと思っています。
こどもたちへ、思いをこめて。

こどものための

防災教室

BOUSAI KYOUSHITSU

今泉マユ子 著

災害食が
わかる本

理論社

もくじ

1時間目
災害について学ぶ
もしもって、どんなとき？…P03

2時間目
災害食を知ろう①
なにからはじめる?水と食のそなえ…P17

3時間目
災害食を知ろう②
災害食ってなに？…P33

4時間目
災害食をそなえる
はじめよう！日常備蓄…P53

5時間目
災害食の食べかた
すぐできる！サバイバルレシピ…P75

6時間目
今日からやる防災
今自分たちにできること…P97

1時間目

災害(さいがい)について学ぶ

もしもって、どんなとき？

もしもって、どんなとき？

「もしものためにそなえよう」と言うときの、「もしも」ってどんなときだと思いますか？　まず思いうかぶのは、東日本大震災や阪神淡路大震災などの大きな地震です。ほかにも、台風や大雨など、わたしたちのまわりにはたくさんの「もしも」がひそんでいます。まずは、なにかがおきたときにあわてないために、身のまわりにどんな危険があるのかを知って、どんな準備をしておけばいいか、考えてみましょう。

地震

世界の地震の約2割が集中していると言われるほど、日本は地震大国です。地震がおきると建物が倒壊するだけでなく、津波や土砂災害、火災など、さまざまな危険が高まります。

大雨・暴風

台風や、梅雨や秋雨の時季は、大雨や暴風がおこりやすくなります。川のはんらん、高潮、低い土地の冠水、山ぞいやがけのある土地では土砂災害にも注意しましょう。

集中豪雨

はげしい雨が何時間にもわたりふりつづける集中豪雨は、近年多くなっている災害です。はんらんの危険がある川や用水路はさけ、地下や低い土地を通らないようにしましょう。

落雷・竜巻

真夏に多い落雷や竜巻ですが、被害が増えており一年を通じて注意が必要です。カミナリの音がきこえたら高い木などからはなれ、がんじょうな建物の中に避難してください。

自然災害だけじゃなく、身のまわりには、インフルエンザなどの病気、テロなどの人間による脅威も。たくさんの「もしも」のときのために、そなえが必要です。

大雪

一度にたくさんの雪がふると、交通機関が止まってしまうことがあります。電車の中にとじこめられたり、車が立ち往生したり、集落がしばらく孤立するなどの被害がおきます。

噴火のリスクも高まっています！

火山噴火

2014年に噴火した御嶽山のほか、草津白根山、霧島山など各地で火山活動が活発に。噴火すると、岩石が飛んだり、高温の火砕流や溶岩流が流れ出る危険があります。

感染症などの病気も大きなリスクだよ！

新型インフルエンザ

インフルエンザなどのウイルスや細菌が体に入り、発熱や下痢などの症状をひきおこす感染症。これもリスクのひとつです。とくに都市部で爆発的に広がるおそれがあります。

テロ・武力行為

国際情勢が悪化すると、ほかの国から攻撃を受ける可能性も出てきます。地震や台風などの自然災害以外にも危険があることを知り、ふだんからそなえておきましょう。

もしものときは
まず命を守って！

災害がおきたら、まずは自分の命を守ることを考え、生きぬくための行動をとってください。もしもは思いがけないときにやってくるもの。とっさのときに体を守れるように、ふだんから「こういう場所ではどう行動したらいいか」を家族やまわりの人と話し、考えるクセをつけておきましょう。もし地震がおきたら、まずその場で頭を守ること。それが命を守ることにつながります。

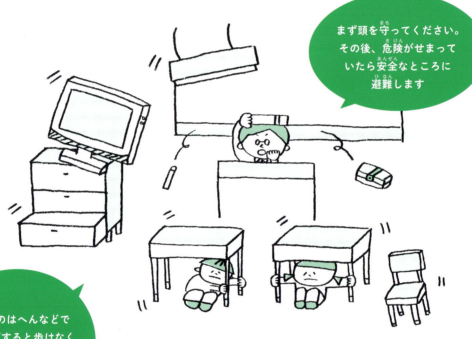

まず頭を守ってください。その後、危険がせまっていたら安全なところに避難します

ガラスのはへんなどで足をケガすると歩けなくなるので、手や足を守ることも大切です

地震がおきたら頭を守る！

学校や家の中だったら、つくえやイスの下にもぐり、落ちてくるものから頭を守ります。防災ずきんがあればかぶり、なければ近くにあるもの、たとえばクッションや毛布、かばん、雑誌など身を守れそうなものを使って、頭をケガしないように工夫しましょう。

> 家の中でも外でも
> はしっこよりも
> 真ん中よりが安全！

外を歩いていたら…

地震のときに外にいたら、ブロックべいや自動販売機、電信柱など、たおれる危険のあるものからはなれて、屋根がわらや窓ガラスなど落ちてくるものに注意してください。繁華街ではビルのガラス、かべのタイル、看板などの落下物をさけ、かべぎわや軒下は歩かずに、できるだけ建物からはなれた場所に避難しましょう。

エレベーターに乗っていたら…

> 地震のときは
> エスカレーターも
> 使わないで！

強いゆれを感じたら、すぐにすべての階のボタンをおしましょう。運よく止まったら、その階で降りて非常階段で外へ出てください。その後、エレベーターが動き出しても絶対に使わないでください。もし中にとじこめられてしまったら緊急通報ボタンをおして、管理会社に連絡をとり、助けをまちましょう。

どこか地下にいたら…

パニックにまきこまれないことが大切です。地下から地上に出ようとする人が出入口や階段に殺到する危険性があります。人が1か所に集まることで将棋だおしがおこる危険性もありますので、まずは落ちついて行動することが必要です。混乱していない出口を見つけて地上に脱出するか、係員の指示にしたがうようにしましょう。

まずは落ちついて！

スーパーやコンビニにいたら…

> お店に行ったら非常口の場所を確認しておいて！

ショーケースや、化粧品やワインのビンなどがわれ、はへんでケガをする危険があります。たおれてくるかもしれない商品だなの間も危険です。エレベーターホールなど、なるべくものが少ない広めの空間へ行き、身を低くしてかばんや上着で頭を守ってください。出口に人が殺到するので、パニックにまきこまれないようにしてください。

電車や地下鉄に乗っていたら…

> バスに乗っている時も同様に。窓ガラスに注意！

ゆれを感じたら、窓ガラスのそばをはなれ、手すりやつり革につかまって足をふんばり、ゆれにたえましょう。姿勢を低くしてかばんなどを頭と首すじに当て、落下物にそなえます。急に電車の外に飛び出すのは危険なので、あわてず係員の指示にしたがって行動してください。

トイレやお風呂の中だったら…

> すぐににげられるようにドアを開けて！

ゆれたときにトイレにいたら、すぐにドアを開けて玄関などの安全な場所へ移動してください。入浴中はかがみなどわれるものに注意して、洗面器などで頭を守り服やバスタオルをもち、いつでもにげられるようにドアを開けましょう。ゆれたらその瞬間にドアを開け、にげ道を作るクセをつけましょう。

キッチンにいたら…

> キッチンは危険だらけ。なるべくはなれて

調理中だったらその場で火を消しましょう。ただし最近のガスコンロはゆれを感じると自動的に止まるものが多いので、むりをしないようにしてください。キッチンには刃物やわれやすい食器など、ゆれで飛び出すと危険なものがたくさんあります。とくに包丁には気をつけてください。

二次災害をふせぐために

> 避難のときは、切れた電線・くずれたかべ・道路の陥没にも注意！

多くの地震ではくりかえし大きなゆれが発生するため、最初のゆれが落ちついても、すぐにたおれた家具のかたづけをするのは危険です。また自宅から避難するときは、停電から復旧した際の通電火災をふせぐため、ブレーカーを落としてから家を出るようにしてください。余震にそなえ、あぶない場所に近づかないよう気をつけてください。

警報に耳をかたむける

> 警報をよく聞いて！

東日本大震災後のアンケートでは、同じ場所にいた人でも、防災無線を「聞こえた」という人と「防災無線はなかった」という人にわかれました。じつは聞こえていても自分には関係のないこととして耳が勝手にスルーしてしまう場合があるようです。災害のときは警報を聞きのがさないように意識することが大切です。

もしもがおきたらどうなるの?

国の地震調査委員会は、2018年2月に「これから30年以内に南海トラフぞいでマグニチュード8〜9級の大地震がおこる確率が70〜80％に引き上げられた」と発表しました。そのほかにも首都直下地震や火山の噴火、大雨による水害など、さまざまな災害がおこる可能性があります。大地震についての被害想定を例に、もしものとき、わたしたちのくらしがどのくらい影響を受けるか考えてみましょう。

南海トラフ巨大地震で考えられる被害

死者数	最大32万3000人（東日本大震災の約17倍）
建物被害	最大238万6000棟（建物全壊・焼失棟数）
上水道	最大3440万人が断水により使用不可能
下水道	最大3210万人が利用困難
電力	最大2710万軒が停電
都市ガス	最大180万戸の供給が停止
固定電話	最大930万回線が通話不能
携帯電話	通信が集中することにより大部分の通話が困難
道路被害	路面損傷・沈下・橋梁損傷など4万か所
鉄道被害	路線変状・路盤陥没など1万9000か所
帰宅困難者	京阪都市圏660万人・中京都市圏400万人
避難者	1週間に最大950万人
食料	災害発生後3日間で最大3200万食が不足
飲料水	災害発生後3日間で最大4800万ℓ不足（1人1日3ℓとして計算）
経済的被害	最大で合計約215兆円

> 駿河湾から日向灘沖へのびる「南海トラフ」では、これまで約100〜150年周期でマグニチュード8程度の巨大地震がくりかえしおきているので、要注意！

内閣府HP（防災情報のページ　南海トラフ巨大地震に係る映像資料より）2018年現在

※地域ごとの地震の発生確率（どのくらいの大きさの地震がどのくらいの確率でおこるかの予想）については、地震調査研究推進本部のホームページにくわしく掲載されています。

自治体や国の防災情報をチェックして!

大きな地震などの災害がおこると、くらしをささえる電気や水道がストップして、いつもの生活ができなくなります。どのくらいで回復するのか、知っておこう!

回復するまでにかかる日数
(首都直下地震などの大きな災害時に機能が95％回復するまでの目標日数)

電力 7日
生活に必要なライフラインの中でも、比較的早い時期にもとにもどるとされているのが電力です。復旧するまでにはだいたい1週間くらいと想定されています。

通信 14日
電話やインターネットなどの通信がもとにもどるまでには、2週間くらいかかるとされています。携帯電話のほうが固定電話よりもやや早く回復する見こみです。

水道 30日
飲み水などに使う上水道と、生活排水などを流す下水道ではしくみがちがうため、復旧時期もことなります。両方が使えるようになるまで約1か月かかるとされています。

ガス 60日
都市ガスの場合、ライフラインの中では復旧にもっとも時間がかかるとされています。機能の95％がもとにもどるまでには約2か月かかると想定されています。

※東京都防災ホームページ 「日常備蓄」で災害に備えようより

もしものとき くらしはこう変わる！

災害がおこった直後（発災〜3日目）

※被害の大きさにより状況がことなるので、ここで紹介しているのは目安です。

懐中電灯のあかりで夜を明かすことになるかも

すぐ口にできるものと、飲みものがあると安心

人命救助と消火活動が最優先のとき

発災から3日間（72時間）は大きな混乱のまっただ中です。命の危険にさらされている人を助けたり火事をしずめたりする、人命救助・消火活動がもっとも優先されるときです。二次災害がおこる可能性もあるので、すぐに命を守るための行動がとれるよう気をつけている必要があります。食事がとれない場合もあり、もし運よく食事できたとしても、食べものに手間をかけることはできません。

●食事の状況

お米をたくのも、お湯をわかすのも難しい状況かもしれません。開けてすぐに食べられるものと飲みものをそなえてあると安心です。在宅避難のときは冷凍庫や冷蔵庫のものを先に食べましょう。

4日目から1週間

> 1週間分は
> 自力でのりきれる
> そなえがあると
> 安心！

避難所

あかりがついて
よかった！

電気が復旧するのは約1週間後とされています

自宅へ

温かい食べものってうれしい！

カセットコンロとガスボンベのそなえが大事！

家にもどって在宅避難する人が増える

災害がおこってから4日目になってもまだ混乱は続いています。被害が大きくなればなるほど復旧はおくれます。この時期、家にもどって在宅避難をする人が増えます。しかしまだライフラインはストップしている可能性が高いので、カセットコンロとガスボンベをかならずそなえておきましょう。熱源があれば家にある食べものが活用できます。温かいものは生きる気力になります。

●食事の状況

大災害では道路が寸断され、物流が混乱するので救援物資はすぐにはとどきません。缶づめやレトルト食品などかんたんに食べられるものが重宝します。3食（朝昼夜）×1週間分そなえましょう。

約1週間後～

支援物資がとどいたり給水車から水が配られます

電気が回復。ごはんと缶づめなどで食事がとれる

やや落ちつき、電気が回復

発災から1週間後くらいに電気が回復すると、炊飯器、ポット、電子レンジなどが使えるようになります。この時期は、まだガスと水道は回復していないかもしれませんが、飲料水のそなえがあれば、かなりの食品を活用できます。ごはんをたくことができればレトルトのカレーやおかずの缶づめも役立ちます。ただし生活用水が十分にないと洗いものができないので、さまざまな工夫が必要です。

●食事の状況

流通が止まりお店のたなはからっぽかもしれません。生鮮食品が手に入りにくいので栄養がかたよって体調をくずしがちに。便秘に気をつけ、野菜ジュースなどで栄養・水分を補いましょう。

約1か月後〜

この時期になるとやっと水道が使えるように

新鮮な食べものがほしくても手に入りにくい状態

日常へ向かってくらしが回復するとき

災害から1か月たつと水道の復旧が進み、物流も回復しはじめ、ふだんのくらしに少しずつもどっていきます。とはいえ、もしライフラインの復旧がおくれれば自宅で料理するのはまだ難しい状況です。反対に電気・ガス・水道が使えても、まだ十分に買いものができないときなので、家に食材のそなえがなければあまり料理が作れません。そなえておくことの大切さを知る時期でもあります。

●食事の状況

野菜やくだものなど新鮮なものがほしくなり、ふだんの食事に近いものを強く求める時期。同じ食べものをくりかえし食べるとストレスになるので、いろいろそなえておきましょう。

だから、もしもにそなえよう！

わたしたちはつねに災害の危険にさらされているので、今このときをいつでも「次の災害が来る前」と考えることが大事です。災害はいつやってくるかわからないものですが、ひとたびおきれば生活は一変してしまいます。大きな災害の後は道路がこわれて物流がストップしたり、工場が被災したりすることもあり、お店からいっきに商品がなくなります。災害がおきてから買いに走っても、なにも手に入らないかもしれません。災害の規模が大きくなればなるほど品物は手に入りづらくなるでしょう。だからこそ、日ごろのそなえが大切なのです。

「もしも」は思いがけずやってくる。自分は関係ないと思わないで！

「自分が食べたいもの」は自分で用意しておかないと手に入りません。災害がおきた後もふだんに近い生活ができるようにそなえておけば、災害の後のストレスをへらすことができます。

2時間目

災害食を知ろう①

なにからはじめる？
水と食のそなえ

はじめに水をそなえよう

水は命の維持にかかせません。もし水を飲まないと、わたしたちの体は3日もたないかもしれないと言われています。とくにこどもや高齢者は脱水症になりやすく、水分不足で熱中症になり命を落とすこともあります。災害時は水がなによりも大事です。飲料水はひとり1日3ℓ（飲料用1ℓ＋調理用2ℓ）くらいをそなえてください。最低でも家族全員3日分、できれば7日分を確保してください。

水のそなえ①

量はどのくらい？

水はひとり1日3ℓ 最低3日分そなえる

最低でも
3日分9ℓ

| ひとり3ℓ | × | 3日分 | = | 9ℓ |

大きな災害がおこったときはすぐに救援が来ないこともあります。少なくてもひとりにつき、3ℓ×3日分＝9ℓを用意し、できれば7日分21ℓのそなえがあると安心です。

できれば
7日分21ℓ

飲み水のほか生活用水もそなえる！

飲み水のほかに生活用水も必要です。トイレを流したり、顔を洗ったり、洗たくしたり。くらしのあらゆる場面で水が必要になるので、飲み水のほかにも水をそなえておきましょう。お風呂の湯船に、つねに水がある状態にしておくと安心です。ふつうのサイズのお風呂なら、180〜200ℓぐらいためられます。

水のそなえ②

そなえかたは？

水を買ったりくみ置きする

> ペットボトルは変形しないようタテ置きで保管！

市販の水の多くは賞味期限が約2年ですが、5年・7年もつ長期保存水も増えています。家族全員分を備蓄するにはたくさんの水が必要なので、どちらのタイプもそなえましょう。2ℓと500㎖の両方あると便利です。賞味期限2年の水は毎月使い、使った分を買い足せば賞味期限を切らしません。長期保存水は賞味期限が切れる1年前になってから使いましょう。ウォーターサーバーを利用すると定期的に水が配達されるので備蓄の一部になります。

> 7年も保存できる長期保存水もあります

水道水を空のペットボトルにつめるなどして、飲料水以外の生活用水もそなえてください。たくさん必要なので、家のあらゆる場所を使って上手にそなえましょう。写真のようにダンボールを間にはさんでペットボトルを重ねると、せまいすきまにたくさん積み上げることができます。ポリタンクやペットボトルに水道水をくんでおくときは、容器をよく洗って使いましょう。容器いっぱいに水を入れ、ほこりや雑菌が入らないよう、しっかりふたをしてください。

> 生活用水はトイレのすきまに置いても！

> ダンボールをはさむとたくさん積める！

水のそなえ③

給水ってなに？

災害時給水所を確認しよう

> 災害時には、給水車は病院などを優先して給水します。

災害などで断水したとき、だれでも飲料水を手に入れられるのが「災害時給水所」です。災害時給水所には災害用地下給水タンク、配水池、緊急給水栓などがあります。たとえば横浜市内だと約1km圏内に災害用地下給水タンクがありますが、夜や、天候が悪いときは給水が難しい場合もあります。自分の地域の災害時給水所の場所を確認しておき、もし遠いところだったら、どうやって重い水をはこぶか考えてみましょう。

> 自治体によってマークはいろいろ。地域の目印をしらべ、場所を確認しておこう！

上の画像は横浜市のマーク

配給された水の保存

給水の際は空気が入らないよう容器の口もとまで入れ、ふたをして冷暗所で保管を。日なたは細菌の繁殖が進むのでさけましょう。飲料水に使えなくなったら生活用水に！

めいっしょぱいいれてね！

> どのくらいの重さならもてるか、自分でやってみて！

水のはこびかた

水をはこぶための袋を準備しておきましょう。水道局や自衛隊から給水車が派遣される場合、袋が配られることもありますが、数がかぎられているので自分でそなえておくことが大切です。しっかりふたができて、もちはこびやすいものを選びましょう。

> 2ℓのペットボトルが便利！

飲み水用にそなえておいたペットボトルの容器があいたら、それを給水用にとっておきましょう。リュックに数本入れるとラクにはこべます。

> ポリタンクは10ℓサイズを

ポリタンクは20ℓ入るものだと重くてあつかいが大変なので、10ℓの大きさのものを。おりたたみ式やジャバラ式のコンパクトなものがあります。

> リュック＋大きなビニール袋

両手が使える、リュックタイプの給水袋が便利です。ふつうのリュックに大きなビニール袋をセットし、給水袋にすることもできます。

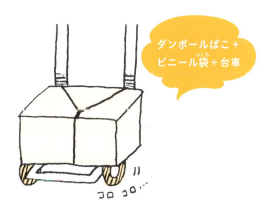

> ダンボールばこ＋ビニール袋＋台車

大きなビニール袋に水を入れて口をしばり、ダンボールばこに入れると形が安定します。台車やキャリーバッグにのせてはこびます。

水のそなえ Q&A

飲み水に生活用水にと、水はたくさん必要です。川の水や雨水、井戸水が使えるかなど、気になる点をまとめました。マンションなどの高層階は停電でエレベーターが使えないと、給水の水をはこぶのがとても大変です。そなえの大切さを知り、多めの備蓄を心がけましょう。

飲料水以外にも水はたくさん必要です！

Q. 川の水や雨水は使えるの？

A.
雨水にはさまざまな菌がいます。川の水には微生物がいたり、汚水が混ざっているおそれもあります。自然水を飲み水にするのは難しいため、使う場合は飲料以外に利用しましょう。

Q. わき水や井戸水は飲めるの？

A.
わき水・井戸水は、水害などの場合、水質が変わっている可能性があります。安全が確認されるまで飲まないようにしましょう。やむを得ない場合はかならず煮沸しましょう。

Q. 軟水と硬水、どちらを備蓄？

A.
水には軟水と硬水の2種類があり、ミネラルがたくさん入った硬水は赤ちゃんのミルクや離乳食にはむきません。薬との飲み合わせがよくない場合も。そなえる水は軟水がいいでしょう。

Q. くみおきした水はどのくらいもつ？

A.
水道水のくみ置きは、消毒効果を保つため煮沸したり浄水器に通したりせず、蛇口から直に入れて満水の状態でふたをし、日の当たらない室内へ。冬は1週間、夏は約3日間保存できます。※

※横浜市水道局 災害対策より水道水をポリ容器などでくみ置きする場合

被災者の声

災害時の水、これがこまった！

被災した人からは、水で苦労したという声をとても多くききます。だからこそ、水の備蓄の大切さはくりかえし伝えたいことなのです。人は水がないと生きていけず、水の問題はくらしに大きくかかわります。「給水があるから」と安心せず、飲み水と生活用水をどちらもそなえ、給水のための容器も用意しておきましょう。災害のときに少ない水で上手にくらせるように、ふだんから水の節約を心がけることも大切です。

> こどもの手をひいて
> 重い水をはこぶのが
> 大変だった

> 給水の列で
> まっていたら
> 自分の目の前で
> おわってしまった…

> 給水所が
> 長蛇の列！並ぶのが
> つらかった

> 断水はしなかった
> けれど水道水が
> 濁ってしまい、
> 使えなくてこまった

> 当たり前に
> 使っていた水の
> ありがたみが
> わかった

> 生活用水がこんなに
> 必要だと思わなかった。
> 毎日もらいにいっても
> まだ足りない！

> 下水がダメになり
> トイレが流せなくなって
> 苦労した！

> 川の水を
> くみにいったが、
> とても重労働だった

食べもののそなえを考える

もしものために家に食べものをそなえておくことが大切です。そなえるものはいわゆる非常食だけとはかぎりません。むしろ、ふだん家で食べなれたものを活用するほうが、むりなく備蓄できます。非常食とよぶと「非常時にしか食べないもの」というイメージがつき「賞味期限が切れるまでそのまま」というケースが多くなりがち。まずは「災害食」によびかたを変え、さまざまなものをそなえましょう。

よび名を変えることで意識が変わる

非常食
非常時にしか食べないイメージに→食べる機会をのがしてしまいがち

災害食
災害時にふだんに近い食事ができるようそなえておく食べもののこと

「ふだんは食べないとくべつなもの？」

「ふだんから食べてそなえる！」

アルファ化米やカンパンを食べのがす…

わざわざ買いそろえなくてはならず面倒

アルファ化米やカンパンでおいしい食事

家にあるふだんのものを災害用に活用

食べものは生きる力になる

災害食は「生きるためだけの食事」「がまんして食べる食事」ではありません。体に必要な栄養をとることがいちばん大切ですが、同時に心の栄養をとることも大切です。自分の好きなもの、おいしいと思うものをそなえておけば、ほっとして笑顔になれるかもしれません。

ふだん食べているものをそなえる

防災用の非常食などとくべつなものを買いそろえる必要はありません。ふだんよく買う食べもので保存のきくものを少し多めに買いそろえるところからはじめると、むりがありません。ライフラインが止まる場合を考え、できれば1週間以上の食べものをそなえましょう。

どうやってそなえるの？

ふだん食べているものを少し多めに買って、食べたらそのぶんを買い足す考えかたを「ローリングストック」や「日常備蓄」といいます。この方法にはいい点がたくさんあります。たとえば賞味期限が1年ほどあればいいので選べる食べものが増えます。そして期限切れですてることがへり、日常的に食べていくので自分の好みがわかります。習慣になると、負担に感じずに上手に備蓄できます。

ローリングストックのいいところ

食べものが選べる

賞味期限が5年や3年のものしか選べないと、買えるものがかぎられます。食べながらそなえれば、賞味期限がそこまで長くなくても災害食として使えます。

期限切れをふせげる

災害食でありがちなのが、長い間そのままにしていて、気づいたら賞味期限が切れていること。ふだんから食べていれば、期限切れの心配がありません。

好みのものにできる

食べておいしくなければ次は買わないので、好みのものだけがそろっていきます。ストレスの大きな災害時、がまんして食べずにすむのは大きな利点です。

備蓄場所を意識できる

いざというときにどこに食べものをしまったかわからなかったら意味がありません。日ごろから食べていれば、家族みんなが備蓄場所を意識できます。

ローリングストックの方法

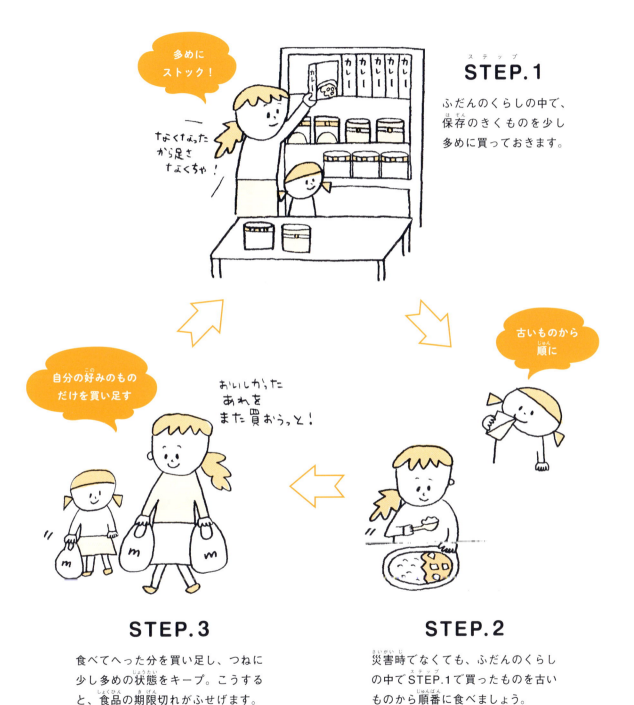

STEP.1
ふだんのくらしの中で、保存のきくものを少し多めに買っておきます。

STEP.2
災害時でなくても、ふだんのくらしの中でSTEP.1で買ったものを古いものから順番に食べましょう。

STEP.3
食べてへった分を買い足し、つねに少し多めの状態をキープ。こうすると、食品の期限切れがふせげます。

水と食べものは どこにそなえる?

水や食料は重くてかさばるうえ、とり出しやすい場所に保管しないと意味がないので収納にこまるかもしれません。家のつくりや家族の人数はそれぞれなので、自分の家ではなにができるか考え、ちょうどいい方法を見つけてください。災害食は日もちするものを中心にそろえるので家のどこに置いても基本的にはだいじょうぶ。廊下にカラーボックスを置いてまとめるほか、ベッド下収納などを活用しても!

分けてそなえる「分散備蓄」のすすめ!

とくに場所をとる水は分けると備蓄しやすい

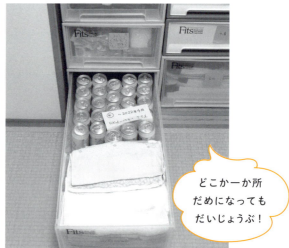

どこか一か所だめになってもだいじょうぶ!

たながたおれて災害食が下じきになったり、入口がふさがれたり、水害で水につかって食べられなくなったり。備蓄品を1か所にまとめると、なにかのひょうしにすべてダメになるおそれがあります。そのため災害食や水は分けてそなえるのがおすすめ。分ければ家じゅうの空きスペースが使えるので、まとまった場所がなくてもOK! どこになにを収納したか家族で情報を共有することも大切です。

家じゅうの
スペースを
フル活用！

キッチン

大きな災害がおきるとキッチンはとても危険な場所になります。食器だながたおれて中のものが床にちらばり、食べものをとり出せなくなるかもしれません。数か所に分けて収納しておきましょう。

本だな

奥行きの浅い本だなは、市販の災害食・水・缶やビンづめ、レトルト食品などの収納やとり出しに便利です。賞味期限を考えて収納し(P31)、缶づめや水などの重いものは、下のほうに入れて重しにしてください。

寝室(こども部屋)

水は、こども部屋・寝室・和室など、各部屋に分散してストックしておいてください。どこでどういう状態でとじこめられてしまうかわからないので、家のあちこちに置いてあると安心です。水害のそなえとして2階にも！

玄関

玄関のたなのすきまや、下のほうの空いているところを活用して水を置いておくのもおすすめです。玄関なら、外から家にもどった時にもし建物が半壊していても、とり出すことができるかもしれません。

期限切れをふせぐには

備蓄用の食べものをたくさん用意していても、とり出しにくい奥のほうに入れっぱなし、あるいはどこにしまったか忘れてしまったというケースは少なくありません。いざというときに役立てられなければ、せっかく購入・保管しておいても意味がありません。どこになにを収納したか家族で情報を共有し、しまうときは賞味期限がいつか、どれがいちばん古いか、ひと目でわかる工夫をすることが大切です。

収納のコツ①　マジックで目立つように書く！

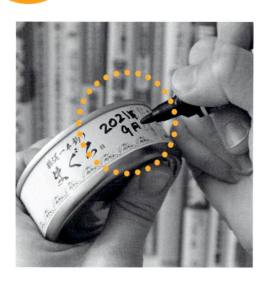

たなは期限別にまとめて！

賞味期限がひと目でわかるよう、見やすい場所に油性ペンで日付を大きく記入します。それでも忘れてしまうこともあるので、定期的に日付をチェックし、いつもの生活で使うようにしましょう。賞味期限は開封前の期限なので、開けたものは早めに使い切りましょう。

たなに入れる順番をきめる

●たなにストックするスペースを作る

ストックできるスペース ⇒ ストックしてある分

食べてへったら新しいものを買って入れる場所

●賞味期限の順にストックする （図のならべかたは1例です）

いちばん左がいちばん古いのでここから食べる

2019 / 2019 / 2020 / 2020 / 2021 / 2021 / 2022 / 2022

いちばん右がいちばん新しい状態になるように

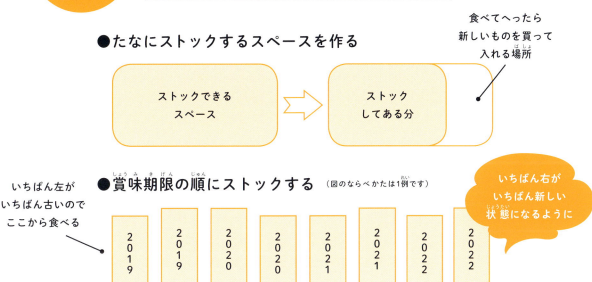

　種類別ではなく賞味期限の年ごとにまとめておきます。古い順に、手前から奥、上から下に、たなの左から右になど自分の使いやすい流れでしまいましょう。わたしはレトルト食品のはこを本だなに並べています。左に賞味期限の近いものを入れておき、なるべく左から食べ、空いたら全体に左にずらし、新しく買ったものは右に入れていきます。わたしの家の本だな1段にはレトルト食品が17〜18個入るので、食べては買うようにし、かならず一定の量を備蓄しています。

冷蔵庫の中も整理する！

冷蔵庫に食べものがあふれていると、賞味期限をはあくしにくく、停電になったときにも上手に中のものを活用できません。ふだんから整理するように心がけてください。ビン類は100円ショップのケースなどを利用してまとめておくと、地震のときに散乱してわれる危険が少なくなります。

こうしておくとわれにくいよ！

大震災から学ぶこと

2011年3月におきた東日本大震災では、大きなゆれが長く続き、人々の日常は一変しました。ここでは、仙台の方々の体験を記録した冊子『私はこうして凌いだ〜食の知恵袋〜』から被災者の声の一部を紹介します。ひとりひとりの体験から、災害のときに大変なことや、どんな工夫が必要だったかがわかります。過去の大震災について学び、今後の防災に役立てましょう。

被災者の声

野菜がほしかった

生野菜がなかったので、サラダやきゅうり1本でも食べたかったです。わたしは、両の手のひらや足のうら全体があれて、あかぎれが痛くて痛くて歩けなくなり、足のうらにガムテープをはっていました。

幼児に飲ませる牛乳がない

被災後11日くらい、牛乳が手に入らない時期がありました。牛乳パックの製造工場が生産中止に追いこまれ、牛乳が出回らなくなったようでした。大人はともかく、幼児には牛乳は必須です。

手に入るものでなにを作るか

電気と水が止まった状態で、石油ストーブで残り野菜のスープなど、「ながら料理」をしました。(略)石油ストーブをかこんで、手に入る食材でなにを作るか家族で真剣に考えたことは、今後、有事のときにとても役に立つと思います。

水を使いまわして節約

大変だったのは水です。節約のため、おさらにはすべてラップをしいて料理をのせました。(略)洗いおけにはため洗いで洗い、水の節約になりました。すすぎの水もその後トイレに使いまわしました。

※『私はこうして凌いだ〜食の知恵袋〜』(公益財団法人 仙台ひと・まち交流財団 2011年12月発行)の「災害時エピソード」より、一部を抜粋して載せています。

3時間目

災害食を知ろう②
災害食ってなに？

災害食ってどんな食べもの？

かつては非常食とよびましたが、最近では「災害食」「防災食」などとよぶことが増えています。昔の非常食は長期保存とエネルギー補給が目的の、水分が少なくてかたい、非常時だけの食べものでした。いっぽうで今の災害食は「災害時に食べるもの」という意味で、なるべく食べなれているものや、おいしいと思うのものをそなえて、生きる力につなげます。あらゆる食べものを災害食として利用できます。

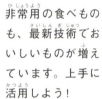

非常用の食べものも、最新技術でおいしいものが増えています。上手に活用しよう！

災害用の食べもの

それぞれの特徴やいいところを知って、自分のくらしや好みに合ったものをそなえよう！

※この本に掲載した商品は2018年5月ごろ撮影したものです。
商品名やパッケージは変更になる可能性があります。

必要な量はひとり1週間分！

被害が大きいときは、物流の回復や、支援体制がととのうまでに日数がかかるので、1週間分以上のそなえがあると安心です。栄養バランスを考えながら選びましょう。

いわゆる非常食だけじゃなく、ふだんの食べものも災害食として使おう！

ふだんの食べものでも日もちのするものを、災害時のためにそなえよう。定期的に食べていけば、賞味期限が1年くらいのものでもだいじょうぶ！

ふだんの食べもの

注目！災害食ニュース①

火を使わず温められる！

中に入っている液体を加えると…

蒸気が発生！

できあがり！

温かいものを食べると災害時でも気持ちが落ちつくもの。発熱剤入りの災害食セットは、電気やガス、水道が使えないときでもアツアツのごはんが食べられる、便利なキットです。やりかたはとってもかんたん。加熱袋に発熱剤と食品をパックごと入れます。断熱ダンボールをしいたはこに袋ごと入れ、発熱溶液を加えると蒸気が発生！ 90度以上になる蒸気で、約30分かけてあたためます。ほかにも、お湯をわかすセットなどがあります。

こんな商品があります！

写真はホリカフーズ「レスキューフーズ 一食ボックス 詰め合わせ」。白いごはんとおかずの入った1食分のパックに、発熱剤やれんげをセットしたもの。約30分でアツアツに。常温で3年半、カレーは5年半保存可能。

注目！災害食ニュース②

年齢や体質を考えた食事が選べる

かたいものが食べにくい人のための、やわらかいおかゆ

▲ アレルギー対応食

食べられるものがかなりかぎられてしまう災害時でも、体調や体質に合わせた食事が選べるようになってきました。アレルゲン（アレルギーのもととなる食品）27品目を使わずに作った災害食は、食物アレルギーをもっている人でも安心して食べられます。また、水やお湯をそそぐだけでおかゆや混ぜごはんになる災害食は、水の量を増減することでごはんのやわらかさを調整でき、高齢者や、体調が悪いときの食事にも役立ちます。

こんな商品があります！

即席おかゆのまつや「まつやのライスるん」「ミキサー粥」、米粉パンのあぐりの丘「もっちりぱんだ」、米粉クッキーの尾西食品「ライスクッキー」、アルファ化米の尾西食品「尾西の田舎ごはん」「尾西のわかめごはん」。

> 注目！災害食ニュース③

宇宙食や自衛隊食も災害食に！

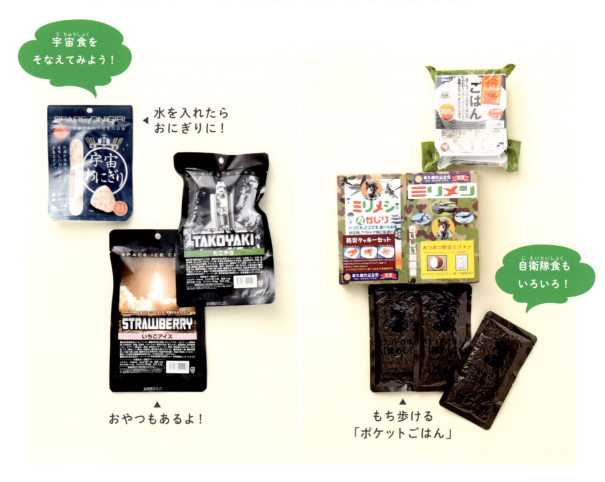

物を手に入れるのがかんたんではない国際宇宙ステーションや、災害の現場に派遣される自衛隊では、軽くて保存がきくフリーズドライ（P48）などの携行食を、最新の技術で研究しています。実際に宇宙や自衛隊で食べられているものや、同じ製法で作った食品が一般むけにも出回っていて、買うことができます。きびしい環境でも手間をかけずに栄養がしっかりとれるため、災害用のそなえにもいいと注目されています。

> こんな商品があります！
>
> 写真左の宇宙食はビー・シー・シー「宇宙おにぎり」、「スペースアイスクリーム」「たこやき」。写真右は武蔵富装の自衛隊食「あつあつ防災ミリメシ」「ポケットごはん」「防災クッキーセット」「パック弁当」。

> 注目！災害食ニュース④

味を追求した災害食をふだんの食事に

おいしいから
ふだん使いにも
ぴったり！

被災したときでも、しっかり食べないと体調をくずしてしまいます。そのため、食べなれない「非常時だけの食」ではなく、ふだんから食べたいものを災害食として準備することが大事です。最近は写真のような毎日食べたくなるようなおいしい災害食が登場し、しかもたくさんの種類から選べるようになりました。ふだんの食事としても楽しめるので「賞味期限が切れたのですてる」というようなむだが出ません。

こんな商品があります！

写真はたくさんの種類がある杉田エースの「IZAMESHI」。ごはんやおかゆ、うどん、ラーメン、パンなどの主食のほか、おでんや肉じゃが、ハンバーグなどのおかず、おもちのスイーツなど。好みの味が選べます。

> 注目！災害食ニュース⑤

野菜の保存食が増えています

かんそうタイプ！

そのまま食べられるスープ

長もちするジュース

災害食は主食やおかずになるものが多く、野菜の保存食はあまりありませんでした。東日本大震災や熊本地震などでは、野菜が足りずに栄養不足で便秘や体調不良をうったえる人が多かったそうです。そこで、主食だけではなく、野菜も備蓄しようという考えが広まってきました。包丁を使わず、加熱調理しなくてもいい野菜ジュースや、レトルトのスープ、ほしてかんそうさせた野菜の保存食（汁物の具などになる）が注目されています。

こんな商品があります！

写真左は熊本産の特別栽培野菜を食べやすくカットしてかんそうさせた「HOSHIKO」。右はカゴメ「野菜たっぷりスープ」と、350gの野菜を濃縮した5年半保存できる「野菜一日これ一本 長期保存用」。

ほかにも進化した災害食がいろいろ！

温めなくてもおいしいカレー

災害時にレトルトを温める水がもったいないなどの声から生まれた、グリコ「常備用カレー職人」。常温でもかたまらない植物性油脂を使っているから、舌ざわりがなめらかで、脂っこくありません。甘口と中辛があり、製造から3年間保存できます。

骨ごと食べてカルシウム補給！

日もちしない牛乳は災害時は手に入りにくく、カルシウム不足が心配。魚藤「手羽先玄米リゾット・ミニ200g」は、手羽先を骨までやわらかく煮こんだリゾット。日本人の平均摂取量の1～1.5日分のカルシウムがふくまれていて、手軽に栄養補給ができます。

超長期保存食！25年もつ缶づめ

保存食としては国内初の25年保存を可能にしたセイエンタプライズ「サバイバル®フーズ」。調理した食材をマイナス30℃で凍結、さらにかんそうさせることで水分をかぎりなくとりのぞいています。缶もじょうぶで、25年たっても味や香りはそのまま。

定番の災害食を知ろう①

カンパンってどんな食べもの？

写真左から、缶入カンパン（キャップ付）／ブルボン、缶入りカンパン100g／三立製菓、K&K かんぱん 110g／国分グループ本社

長期保存ができる災害食の定番！

カンパン（乾パン）とは、保存や携帯のために焼いたビスケットの一種。水分が少ないので長く保存でき、大きな災害では緊急援助物資として送られることも多い、昔からある定番の災害食です。火や水が使えなくても、そのまま食べられて消化吸収がよく、満腹感もしっかり。いっしょに氷砂糖やキャンディーが入っていることも。ジャムをぬったり、スープにひたしてもおいしく食べられます。

保存性
缶で5年、袋で1年。缶を開けたあとも、ふたをすれば少しずつ食べられます

形状・包装
多くは、じょうぶなスチール缶入り。少量や、大人数タイプもあります

ふーむ？

三立製菓にききました！

カンパンの歴史と栄養

カンパンっていつからあるの？

ヨーロッパでは古くからありましたが、日本では江戸時代に軍用の携帯食としてパンを焼いたのがはじまり。明治時代、西南戦争のときフランス軍からカンパン※の援助を受け、重要性を痛感。ドイツ式の作りかたをとり入れ、改良を重ねます。現在の小型カンパンは旧陸軍が昭和初期に開発しました。

※当時はビスコイドとよばれていました

氷砂糖が入っている理由は？

氷砂糖をなめながらカンパンを食べることで、だ液（つば）がたくさん出て、水やジュースがなくても食べやすくなります。また、氷砂糖は体のエネルギーとなる糖分の補給にも役立ちます。避難時などでつかれやすいときにも、やさしい甘さがちょっとしたいやしを与えてくれます。

※氷砂糖が入っているのは「缶入りカンパン100g」のみ

カンパンは主食のかわりにできる？

ビスケットですがあきのこない味つけで、ほかのおかずとも合わせやすく、主食のかわりになります。ごまをつけているのは、おにぎりのイメージを出すためだったそうです。三立製菓のカンパンは1枚が約10kcalで、どれだけエネルギー補給できたのか、カロリー計算がしやすくなっています。

定番の災害食を知ろう②

パンの缶づめってどんな食べもの？

写真左から、新食缶ベーカリー（Egg Free プレーン、ミルク、チョコ）／AST、ウルトラマン缶 de ボローニャ（ウルトラマン缶・チョコ味、ブースカ缶・プレーン味、バルタン星人缶・メープル味）／ボローニャ ©TPC、PANCAN（オレンジ、ビターキャラメル、那須高原バター）／パン・アキモト

作りたてみたいにふわふわのパン

パンには水分が多くふくまれているため、数日たつとかんそうしてかたくなり、カビが生えてしまって長期保存にはむきません。パンの缶づめは、缶の中に生地を入れてそのまま焼いたり、焼きたてのパンを缶につめるなどして殺菌し、密閉したもの。缶の中の酸素をとりのぞく脱酸素剤をパンといっしょに入れることで、悪い菌が繁殖せずに、焼きたてのおいしさややわらかさが長く保てます。

保存性
多くは1年ほどですが、5年もつものもあります。味により保存期間が変わります

形状・包装
じょうぶなスチール缶がほとんど。パンは薄い紙や、紙カップで包まれています

> パン・アキモトに聞きました！

阪神・淡路大震災がきっかけで生まれた

パンの缶づめが生まれたわけは？

震災のとき、焼きたてのパンをとどけようと被災地へむかったものの着く前に半分以上がいたんでしまいました。被災地で「歯が悪いからカンパンは食べられない」という声を聞き、やわらかくて日もちするパンが作れないだろうか？と試行錯誤。世界ではじめてパンの缶づめが生まれました。

パンを紙で包んでいるのはなぜ？

パンの生地を缶に入れて焼くと同時に殺菌もできますが、缶にそのまま生地を入れるとくっついてしまいます。そのため耐熱性があって水にぬれてもやぶれない、とくべつな紙に包んで焼いています。手がよごれていてもパンに直にさわらず食べられるので、水が不足しがちな災害時も安心です。

※パンの缶づめの製造方法はメーカーによってことなります

そなえながら災害支援もできる

パン・アキモトでは賞味期限が切れる前のパンの缶づめを回収し、海外の途上国や被災地へ送って支援する「救缶鳥プロジェクト」を行っています。パンの缶づめを買うことで災害にそなえられるうえ、こまっている人たちを助けることができます。パンの缶づめは世界中にとどけられています。

定番の災害食を知ろう③

アルファ化米ってどんな食べもの？

写真左下、アルファ米（尾西のえびピラフ、尾西の白飯、尾西の五目ごはん）／尾西食品　写真上段はマジックライス（ドライカレー、雑炊、青菜ご飯）／サタケ　写真右下、安心米（わかめご飯、山菜おこわ、梅がゆ）／アルファー食品

ごはんをかんそうさせて長もちに

お米は70〜80％がデンプンです。生だとβデンプンという消化しにくい状態ですが、お米をたくと、消化しやすく栄養分を摂取しやすいαデンプンに変わります。しかし時間がたつとデンプンはβにもどってしまうので、かんそうさせてαの状態を保ったものがアルファ化米です。火を使わなくても、アルファ化米にお湯や水を加えるだけで、やわらかいごはんができあがります。

保存性
災害用に作られたものの多くは、製造から5年間は常温で保存できます

形状・包装
酸素を通しにくい袋の中に脱酸素剤を入れ、1食分ずつ包装しています

尾西食品にききました！

軍用食として生まれ、今は登山・宇宙食にも！

アルファ化米はどうやって生まれたの？

昭和10年、尾西食品は水をそそぐだけでつきたてのおもちになる粉末食品を開発します。これが戦時下にあった軍にも好評で「たかずに食べられるごはん」の開発も求められました。研究を重ねて生まれたのがアルファ化米です。終戦までに6,200トン（7千万食分）を軍に納めました。

アルファ化米の作りかた

スプーンと脱酸素材をとり出し、水かお湯をそそいでよく混ぜます。チャックをしめて、15～60分まてば完成

火がなくても水だけで食べられる

アルファ化米はお湯をそそげば15分で、水をそそいだ場合は60分でふっくらしたごはんにもどります。ライフラインが止まっても、水さえあればやわらかなごはんが食べられます。水の量を多くすればおかゆにもなります。シンプルな白米のほか、味つきのたきこみごはんなど種類も豊富です。

登山用にも、宇宙食にも！

軽くてコンパクトなアルファ化米は、保存にも携帯にもむく食べものです。災害用だけではなく海外旅行や登山用などに広く利用されています。とくに高山では、ふつうにごはんをたいても気圧の関係で米の芯まで火が通らないため、アルファ化米が登山者の必須アイテムになっています。

定番の災害食を知ろう④

フリーズドライってどんな食べもの？

写真左、フリーズドライご飯（チャーハン味、炊き込み五目、ピラフ味、カレー味）／永谷園　写真右、即席みそ汁、即席オニオンスープ、即席卵スープ／おむすびころりん本舗

凍らせて、かんそうさせた食べもの

調理した食べものを凍らせた（フリーズ）うえ、かんそうさせた（ドライ）もの。食品の中の凍っていた水分は、真空状態でかんそうさせると水蒸気となり、水分のあった部分（氷のつぶ）はたくさん穴が開いてスポンジのようになります。お湯をそそぐと、この穴に水分が入って元の食品の状態にもどります。ごはんなどはお湯でもどさずに、そのまま食べることもできます。

保存性
災害用で5年ぐらい。缶につめたものは最長で25年間も保存できます

形状・包装
スープはブロック状のかたまりになっています。アルミ袋などで包装しています

保存食品として広く使われている技術

カップめんの具・即席スープでおなじみ

災害食だけではなく、インスタントラーメンの具や即席みそ汁など、フリーズドライはふだんの食事にもよく使われている技術です。最近は、スープやごはんものだけではなく、シチューやカレー、リゾットやパスタ、煮ものまで、たくさんのメニューが作られています。

フリーズドライごはんの作りかた

スプーンと脱酸素材をとり出し、水かお湯をそそいでよく混ぜます。チャックをしめて、3～5分まては完成

フリーズドライはいつ生まれたの？

第二次世界大戦中、軍の携行食の軽量化のためにフリーズドライの技術が研究・開発されました。戦後は宇宙食のために開発が進み、昭和40年代から一般むけに製造されるように。熱を加えずにかんそうさせるため、ビタミンなどの栄養素がこわれず、色や風味がそのまま楽しめます。

日本の保存食も！

昔ながらの日本の食材にも、フリーズドライに似た作りかたのものがあります。寒天はところてんを凍らせ、かんそうさせたもの。高野豆腐も豆腐を凍らせてかんそうさせ、水でもどして使います。どちらも長期保存できる日本の代表的な保存食。ふだんから災害時まで活用できる食べものです。

定番の災害食を知ろう⑤

レトルト食品ってどんな食べもの？

写真上左から、にんべんかつお節入り だしがゆ（鮪、鶏、こんぶ、鮭、あずき）／ユニーク総合防災　写真下は7年保存レトルト食品（カレーピラフ、コーンピラフ、五目ごはん）／グリーンケミー

調理しないですぐ食べられる

光を通さないパウチ（袋）など空気・水・細菌が入らない容器に食材を入れて密封し、加圧加熱殺菌（レトルト殺菌）した常温で長く保存できる食べもの。中身は真空に近い状態で加熱殺菌するので、栄養成分がそこなわれません。1食分ずつのものが多く、容器ごと湯せんで温められます。災害用には、より賞味期限が長く、そのままでもおいしく食べられるものが作られています。

保存性
1～2年ぐらいが中心です。味の劣化をおさえた7年もつ商品もあります

形状・包装
光を通さないパウチ（袋）や成型容器（カップ）など、気密性容器で密封

> 日本缶詰びん詰
> レトルト食品協会に
> 聞きました！

レトルトカレーで昔からおなじみ！

はじめてのレトルト食品ってなに？

世界初のレトルト食品は、昭和43年に市販用として発売された「ボンカレー」です。点滴液の殺菌技術を応用し、じょうぶな袋を使って、圧力をかけながら殺菌する方法が開発されました。現在、国産のレトルト食品の半分近くをカレーがしめています。

どんな入れものを使うの？

合成樹脂フィルムとアルミはくなどをはり合わせた、光を通さない材質の入れものを使います。最近は電子レンジで温められるよう、アルミ以外の材質が使われることもあります。密閉・加熱殺菌するので食品に保存料などは使いません。缶よりも軽く、ごみをすてるときもコンパクトです。

どのくらいもつの？

缶づめと同じ製法で完全に密封し、加熱殺菌しています。時間がたつと油脂が変化してしまうため、賞味期限が缶づめより少し短く1～2年ほどとなっています。最近は味の劣化が少ない食材同士を組み合わせるなどの工夫で、長もちする災害用のレトルト食品も出てきています。

じつは大事なんです！
災害時のおやつ

災害の後も健康で元気にすごすためには、体に必要な栄養をとることと、心の栄養をとることが大切です。それにはおやつも大事。東日本大震災で被災された方からは「甘いものが食べたかった」という声を聞きました。甘いものや好きなおやつを食べるとほっとして、ニッコリ笑顔になれるかも。ただし食べすぎには気をつけてくださいね。

いつものおやつが食べられるとうれしい！

脱酸素材を入れ密封したグリコ「ビスコ保存缶」や、アミノエース「保存用ミレービスケット缶」（ノンフライ）。どちらも5年以上保存できる

チーズケーキなどをつめた画期的な缶づめ。開けてすぐ食べられる。トーヨーフーズ「どこでもスイーツ缶」。カップケーキ缶もある

はこのうらには災害用伝言ダイヤル（p101）の使いかたも。いざというときに役立てて！

手軽にカロリーが補給できる井村屋「えいようかん」。ひとくちサイズのようかん（60g）は1本で171kcal。チョコ味のようかんも

甘いものを食べるとほっとするね

4時間目

災害食をそなえる
はじめよう！ 日常備蓄

ふだんのものを
多めにそなえる

P26〜27で紹介したローリングストックのやりかたなら、備蓄したものを定期的に食べることになるので、賞味期限が何年も先じゃなくても備蓄に利用することができます。災害用のとくべつな食品だけではなく、ふだん食事で食べている缶づめやレトルト食品、フリーズドライ食品の中から、おいしいと思うものを多めに買ってそなえておきましょう。このやりかたは食品だけでなく生活用品のそなえにも役立ちます。

ローリングストックでつねにきらさない！

日常備蓄はここがメリット！ 災害時はストレスがかかるもの。ふだん食べている安心できる味や、自分の好きなものがあると心がやわらぎます。定期的に味見をして好きなものを探せるのが日常備蓄の利点です。

食べもののほかに、日用品などもふだん使うものを少し多めに買って日常備蓄をはじめよう！日用品は、流通が止まった場合を考えて、できれば1週間分そろえておきましょう。

おもな備蓄品目

食品など
水、無洗米（お米）、パックごはん、乾めん、カップめん、缶づめ、びんづめ、レトルト食品、フリーズドライのスープ、野菜ジュース、健康飲料、栄養補助食品、おかし、調味料など。

生活用品
ポリ袋、ごみ袋、ラップ・ホイル類、ティッシュペーパー、トイレットペーパー、ウェットティッシュ、使いすて手袋、使いすてカイロ、ばんそうこう、常備薬など。

家族に合わせて
アレルギーのある人、持病のある人、赤ちゃんのいる家庭、高齢者のいる家庭、女性の生理用品など、必要なものは人によってそれぞれちがうので、忘れずに用意して下さい。

道具など
カセットコンロ、ガスボンベ、携帯電話の予備バッテリー、携帯トイレ、懐中電灯、乾電池、携帯ラジオ、ライターなどは定期的に使えるかどうか確認し、古くなったら買いかえましょう。

食べものの
そなえかた

食べものをそなえるコツ①

主食になるもの

災害食をそなえるときには、エネルギーのもとになる主食を準備しておくことがなによりも重要です。そのままでも食べられるものには、パンの缶づめ・レトルトのおかゆ・シリアル・クラッカーなどがあります。また、水があれば食べられるアルファ化米やフリーズドライ雑炊のほか、お湯があれば食べられるカップめん（水でも作れる※）、加熱して食べるお米・乾めん・おもち・ホットケーキミックスなどもあります。バリエーションがたくさんあるので、常温で保存できるものの中から自分に合ったものをそなえましょう。災害時は食欲が落ちるので、ふだんから口にしている好みの食品を選びましょう。

※カップめんを水で作るときは水を入れて30〜45分ほどまちます。時間は製品や気温によって変わります。

そなえる食べものはこうやって選ぶ

お米は水と熱源もいっしょに

ごはん・おもち

無洗米なら水を使う量が少しですむので、災害時におすすめです。水と熱源がないとごはんがたけないので、忘れずにそなえましょう。

乾めんは早ゆでタイプを

めん類

早ゆでタイプのパスタやそうめんは、少ないお湯・短い時間でゆでることができるので災害時におすすめです。

粉物もいろいろあると役立つ

粉物

味がついている粉物は、ほかの材料がなくても水だけでシンプルなお好み焼きやホットケーキが作れます。ふだんから作りなれておいて！

すぐ食べられるものは必須

そのまま食べられるもの

心身ともに落ちつくまでは調理するよゆうがないかも…。開けてすぐ食べられるパンの缶づめ、カロリーメイト、シリアルがあると安心！

> 食べものをそなえるコツ②

おかずになるもの

健康を保つにはバランスよくさまざまなものを食べることが大切です。災害食を選ぶときも、主食だけでなくおかずが重要になります。じょうぶな体をつくるため、たんぱく質をかならず食事からとってください。たんぱく質のもととなる魚介・肉類・大豆などは缶づめやレトルト食品などから数種類そろえておきましょう。また体の調子をととのえてくれるビタミン・ミネラル・食物繊維も必要です。それらが豊富にとれる野菜・海藻・きのこ類は、ドライパックや乾物なども利用してそなえておきましょう。いずれも常温で長期保存できるタイプのもので、食べなれているものを選んで上手にとり入れてください。

そなえる食べものはこうやって選ぶ

成長期にはかかせません

お肉系
たんぱく質・脂質がとれる焼き鳥、コンビーフなどの缶づめ、カレーやミートソースなどのレトルト食品など。好きな味を選んで！

DHA・EPAをたっぷりとろう！

お魚系
ツナ缶・サバ缶など魚の缶づめは種類が多く、サケフレークなどのビンづめもあり、ゴロゴロ魚が入ったレトルト食品もあります。

ふだんの食事でも活用！

野菜・海藻
災害のときは手に入りにくい野菜類。体調をととのえるために必要なので常温で長期保存できる野菜・豆・海藻をかならずストック！

腹もちのいい具だくさんなものを

汁物
具だくさんの汁物はおかずにもなり、食欲がないときでも食べやすくて便利。お湯をわかせば種類が豊富なフリーズドライも活用できます。

食べものをそなえるコツ③

じつは大切！おかしのそなえ

避難生活で塩味のおかずが続けば甘いものがほしくなりますし、やわらかいものばかりだとサクサクした食感のものがほしくなるかもしれません。おやつになる食べものも、さまざまなものをそなえておきましょう。くだものの缶づめやドライフルーツは野菜と同じくビタミン・ミネラル・食物繊維が豊富で体調をととのえるのに役立ちます。非常時のおかしはストレスをやわらげるリラックス効果があるので、エネルギー補給にもなるチョコレートやビスケットなど、自分が食べたくなる、好きな味のおかしをそなえておくといいでしょう。おかしはどんな状況になっても手軽に食べられるのであると重宝します。

そなえる食べものはこうやって選ぶ

そなえて
あると安心！

ドライフルーツは
ふだんから食べよう

長期保存のおかし

長期保存できるおかしの種類が増えています。もしものときに食欲が落ちても、好きなおかしなら食べられるかもしれません。

ナッツ・ドライフルーツ

栄養価の高いナッツやドライフルーツは、いざというときは食事がわりにも。調理の必要がないので、いつでもどこでも食べられて便利です。

好きなおかしは
心の栄養！

ふだんのおかし

不安だらけのとき好きなおかしを食べられたら気分が落ちつくかもしれません。賞味期限内においしく食べ、また買い足しておきましょう。

| そなえるコツ |

おかしやくだもので心も元気に！

くだものの香りが、アロマテラピーのように心をいやし、赤・黄色・オレンジなどのビタミンカラーで元気になれるかもしれません。ストレスをかかえたときに好きなおかしを食べてほっとできる可能性も。少しでも元気でいられるよう、おかしやくだもののそなえも忘れずに。

> 食べものをそなえるコツ④

調味料のそなえ

塩やしょうゆなど基本の調味料や、さまざまなスパイス、ふりかけや焼きのり、ジャムやはちみつなどは、開封しなければ常温で長期保存がきくものばかりです。災害がおこって食べものが手に入りにくくなった場合を考え、ふだんからひとつ多めに買っておくといいでしょう。お肉や野菜がそろっていても、味噌がなければ味噌汁は作れませんし、救援物資の味噌がとどいても口に合わない可能性があるからです。自分の好みの食事をするためには、自分でそなえることがとても大切です。食べなれた味は安心につながります。ふだんどおりの食事をすることは、災害をのりきるコツのひとつです。

ふだんから多めに買っておこう！

そなえる食べものはこうやって選ぶ

食べなれた味のものを

基本の調味料

ふだん使っている調味料がないと、食材があってもいつもの味の食事ができません。多めに買ってあると、もしものときも安心です。

1本あればほかの調味料いらず

めんつゆ・タレ

あると重宝するのが1本で味がきまるめんつゆやタレ。手間をかけられない災害時、1本あればお肉も魚も野菜もおいしく食べられ便利！

家にあるものをなんでも活用！

パスタソース・ふりかけ

ふりかけは、ごはんにかけるだけでなく野菜をあえるなど調味料として味つけに活用できます。好きな味のものを選びましょう。

| そなえるコツ |

むりはしない！自分に合ったものを

そなえるものを「常温で長期保存できる」などの条件で選ばないでください。味を知らないものや好みに合わないものをむりに買う必要はありません。ポン酢は手作り派という人がビン入りを買うと備蓄自体がストレスになるかもしれません。自分に合ったそなえをしましょう。

食べものをそなえるコツ⑤

飲みものをそなえる

健康を守るために水分はかかせません（p18）。とくに水はそのまま飲む、料理に使う、赤ちゃんのミルク、手を洗う、ケガしたときの傷口の洗浄など、広く使うのでたくさん必要です。水のほか、いつも飲んでいる「おいしい」と思う好みのものがあると安心できます。ふだん自分が飲んでいるもので、常温保存できるものをそなえましょう。買ったものは日の当たらないすずしい場所で、いざというときすぐにとり出せるところに置いてください。ふだん使いしながらへった分をおぎなうとストックがなくなる心配がありません。そのままにしがちな長期保存水は賞味期限がいっきに切れないよう注意してください。

いろんなタイプの飲みものを！

そなえる食べものはこうやって選ぶ

500mlサイズの
ペットボトルを！

水・お茶
そなえる水はコップがいらない500mlサイズもあると便利です。お茶も、そのまま飲むだけでなく、ごはんをたくのにも使えます。

ゼリー・粉末状はコンパクト

スポーツドリンク
水分と栄養を同時に補給でき、熱中症や脱水の際も役立ちます。ビタミン配合のゼリー状はコンパクトでもちはこびに便利。粉末タイプも。

好きな味でリフレッシュ

ジュース類
ビタミン・食物繊維など栄養がとれる野菜やくだもののジュース、紅茶、コーヒー牛乳など自分が好きな飲みものも用意しておきましょう。

小さめの飲みきりサイズを

長期保存可能な豆乳・牛乳
常温で2～3か月保存できる牛乳や豆乳はカルシウムとたんぱく質の補給に役立ちます。開封後は要冷蔵なので飲みきりサイズがおすすめ。

> 食べものをそなえるコツ⑥

さまざまなそなえ

日もちする野菜もそなえのひとつ

野菜は栄養を補給するだけではなく、食卓をいろどり豊かにしてくれる食材です。じゃがいも、にんじん、たまねぎ、さつまいもなどは暗くてすずしい場所なら常温で保存できるので、ふだんから野菜やいも類を多めに買って常備しておくと、いざというときに安心です。

乾物はくらしのスタイルに合わせて

高野豆腐やお麩はたんぱく質源となり、切りぼし大根・わかめ・とろろこんぶ・桜えびはビタミンやミネラル、食物繊維が豊富。栄養価と保存性が高い乾物は備蓄に最適ですが、食べたことがない人はいざというとき活用しにくいので、自分に合うものをそなえておきましょう。

体質に合わせて対応食をそなえる

東日本大震災や熊本地震では必要な人に食物アレルギー対応食が十分にとどかないケースがありました。アレルギーのある人は自分で多めにそなえることが必要です。試食して問題ないか確認し、味や食べかたになれておきましょう。非常持出袋（P106）に最低3日分を入れましょう。

食物アレルギーについて

アレルギーは本人も家族も大変！まわりの理解が必要です

今までに、たとえば「洗った牛乳パックをまな板がわりに使ったらアレルギーが出た」「もらったアメでアレルギーが出た」などの例があります。アレルギーをもつ人は、えんりょせずまわりに伝えることが大事ですが、周囲の人たちの理解と協力もとても大切です。

命にかかわる大事なこと！アレルギーがあったらがまんしないでまわりに伝えて！

> 食べものをそなえるコツ⑦

冷凍食品を災害時に活用

停電した後には、冷凍食品はまず保冷剤の役目をはたします。そのまま自然解凍で食べられるものが多いので、とけてしまったらそれで食事しましょう。「自然解凍でもOK」と書いてあるお弁当用などの市販の冷凍食品以外でも、あんがいそのまま食べられます。実際にためしてみたら、スパゲッティ・五目炒飯・焼きそばはおいしく食べられました。また、自分で調理して冷凍しておいた、からあげやごまあえなどのおかずも自然解凍で食べられます。

主食

おかず

自作したもの

お肉やお魚は生ではなく調理して冷凍しておくと、いざというときに自然解凍で食べられて便利です。保存用の袋に、空気をぬいて平らにつめておくと、収納しやすく、とり出しやすい！

在宅避難になったときは
冷蔵庫・冷凍庫のものから

停電してもしばらくは冷えている

市販の災害食は日もちするので、在宅避難になったらできるだけ冷蔵庫・冷凍庫のものから使いましょう。停電しても冷凍庫の中はしばらく冷えているので、まずは冷蔵庫のものから使います。冷凍庫のものはたくさん入っているほどとけにくく、凍った食品は保冷剤がわりにも。冷凍庫は1回開けるごとに冷気がにげていくので、新聞紙などで冷気をのがさない工夫をしましょう。ここぞというときまで開けないで！

たっぷりつめるととけにくい！

新聞紙をかぶせて！

······

ふだんからの整理整頓が大切

冷蔵庫も冷凍庫もポイントはふだんからの整理整頓です。どこになにがあるか分からないとなんどもとびらを開けて冷気をにがしてしまいます。冷蔵庫はたなの下から消費期限の近い順に入れておくと、優先順位がわかりやすいのでおすすめです！

······

すてる勇気も大事

停電すると食材はどんどん悪くなります。季節や環境によってはすぐにいたむこともあります。くさっていると思ったものは口にしないように気をつけましょう。災害時に食中毒をおこすと大変です。ちょっとした下痢も命とりになるので、すてる勇気も大切です。生ものや食べ残し、鮮度のあやしいものは食べないようにしましょう。

「災害食の日」を作ろう

ローリングストック（P26）では災害食を食べて使うことが大切です。ふだんの食事で使うだけでなく「災害食の日」をきめて、みんなで食べる機会をもちましょう。古いものを食べて新しいものを買うことで賞味期限切れをふせぐだけでなく、実際の食べかたを経験しておくことで、災害時の練習にもなります。防災の日や月末など、きまったタイミングで災害食を定期的に食べましょう。

「災害食の日」をつくるメリット

「そなえる」と同じくらい「使う」ことも大切！

どこが不便かわかる

アルファ化米を食べたことがなければ、水（お湯）がないと食べられないことに気づかないかもしれません。実際に食べてみてわかることがあります。

期限切れがふせげる

定期的に食べれば期限切れはふせげます。そなえてある食べものだけではなく、水や、防災用品の中身も忘れないようにチェックしておきましょう。

防災意識が高まる

月に一度は家族みんなで防災について話をしておくといいでしょう（P100）。災害食の日をきめておけば食べながら家族で話ができます。

買物に行かずにすむ

備蓄したものを食べるので、その日は買物に出かけずにすみます。雨の日など「天候が悪かったら災害食を食べる日」ときめておくのも、ひとつの方法です。

災害食の日においしく食べよう

\ カンパンで！/
カンパンピザ

作りかた

フライパンにクッキングシートをしく。カンパンをすきまなくならべ、上にピザソース（またはケチャップ）をぬる。さらにチーズをのせたらふたをして火をつける。弱火でチーズがとけるまで焼き、火を止める。底がこげやすいので注意。クッキングシートごととり出して、おさらにのせる。

材料
カンパン…適量
とけるチーズまたは
スライスチーズ…適量
ピザソースまたは
ケチャップ…適量

\ カンパンで！/
カンパンケーキ

作りかた

カンパンは牛乳に3時間以上ひたしておき、生クリームには砂糖を入れて泡立てておく。深さのあるタッパーなどの容器に、ひたしたカンパンと生クリームを順に重ね、一番上に生クリームを重ねて冷蔵庫でよく冷やす。食べるときに、ほどよい大きさに切ったくだものといっしょにもりつける。

材料
カンパン…100g
牛乳…150㎖
生クリーム…1パック
砂糖…15g
くだものの缶づめ…適量

災害食の日においしく食べよう

材料2人分
アルファ化米（白米）
…1袋
レトルトの野菜スープ
…1袋

＼アルファ化米で！／
きのこピラフ

作りかた

アルファ化米の袋を開け中に入っている脱酸素材とスプーンをとり出す。野菜スープ（きのこ味を使用）を入れて、すぐによく混ぜ、袋をとじてしばらくそのまま置いておく。温めたスープの場合は20分、常温なら80分ほどでできあがり。

材料 ※野菜はよく洗って皮つきのまま使用
サバ味噌煮…1缶　　かつおぶし…1袋(4g)
だいこん…2cm　　　A
にんじん…3cm　　　薄力粉…50g
長ねぎ…3cm　　　　水…50ml
水…1.5カップ(300ml)

＼サバ缶で！／
すいとん

作りかた

だいこんとにんじんは薄くいちょう切り、長ねぎはななめ切りに。なべに分量の水と野菜を入れ火にかける。ポリ袋にAを入れ、ななめ下によせ、よく混ぜ、すいとんのタネを作る。野菜がやわらかくなったらポリ袋の角をキッチンばさみで切り、なべの中にタネを落とす。すいとんに火が通ったら、サバ味噌煮を缶汁ごと入れ、かつおぶしを加えてひと煮立ちさせる。

日常備蓄の食べものをローリングストックで活用！

パスタソースは万能

レトルトパスタソースはパスタに使うだけではなく、お肉や野菜をいためる調味料にもなります。ごはんに混ぜてたけば、おいしいたきこみごはんも手軽にできます。

ふりかけも役立つ

ゆかりや塩こんぶ、ふりかけなどを、野菜をあえたりパスタやうどんの味つけに使ったりしてみてください。ごはんにかけるだけではなく、いろいろなメニューに活用できます。

片栗粉でミルクもち

備蓄してある片栗粉があまったら、なべに片栗粉大さじ3と砂糖大さじ1と牛乳1/2カップを入れて、火にかけてよく混ぜ、ミルクもちを作ってみてください。きなこをかけてめしあがれ。

レトルト食品アレンジ

レトルト食品の五目ごはんのもとや釜めしのももアレンジ料理に活やく！ 鶏ひき肉に混ぜて焼くと具だくさんのつくね焼きに。青ねぎを入れると、よりおいしくいただけます。

スナックがしも

うまい棒やポテトチップスコンソメ味をくだき、お湯や牛乳にとかすとスープに。じゃがりこにお湯を入れマヨネーズと野菜を少し足すとポテトサラダに。災害時にも役立つ活用法です。

便利なドライパック

大豆・ミックスビーンズ・ひじき・コーンなど、災害時に不足する野菜はぜひドライパックで備蓄を。どんな料理にも合わせやすく、そのままでも、料理に少し足すのもおすすめ。

外で！防災ランチ®のすすめ

お弁当のかわりに災害食をもって出かけ、公園などへ行き、みんなで食べましょう。もちよりにすると自分が知らない災害食を知ることができて情報交換になったり、食べやすいもの・食べにくいものがわかったりします。実際に外で作ってみると、調理せずかんたんに食べられるものが重宝することがわかります。なかには水がないと食べられないものがあるかもしれません。温かいものが食べたくなること、ウェットティッシュが多めにあると便利、おはしやスプーンや紙ざらがないと食べられないものがある…などいろいろなことに気づけます。食べおわった後はゴミも気になるでしょう。家でためすと不自由がなく気づきにくいのですが、外で食べてみると不便さがよく分かります。この経験が災害時にとても役立ちます。失敗をたくさんしておくと対処法が身につくので、なんでもないときにたくさん失敗を経験してくださいね。

5時間目

災害食の食べかた
すぐできる！
サバイバルレシピ

食事の準備をするときや、食事の前には手を洗いましょう。手洗いの水がじゅうぶんになければウェットティッシュなどで手をふき、清潔に保つよう気をつけましょう

もしもの調理に役立つ道具

災害時は水が不足するので、ポリ袋やラップなどを上手に使って、調理するときも食べるときもなるべく洗いものをへらしましょう。手間がかけられない状況なので、手早く作ることも大切です。また、温かいものを食べるために火はとても重要です。カセットコンロとガスボンベはかならず準備してください。ほかにも、あると便利な道具を紹介しますが、災害時はその場にあるものを活用する発想力も大切！

カセットコンロ

冬ではなくても温かいものが食べたくなるものです。ガスボンベといっしょに準備しておいてください。ガスボンベには使用期限があるので期限切れにも注意を！

ポリ袋

食材を混ぜたり、あえたり、調理をするときに大活やくします。おさらにかぶせれば、よごさずに食事ができます。大・中・小のサイズをそろえておくと便利です。

キッチンばさみ

まな板・包丁が使えないせまい場所などでは、食材を空中でカットできるキッチンばさみやピーラー、スライサーがあると重宝します。状況に合わせて使ってください。

ラップ

おさらをラップでおおい、よごれないようにして食事をすれば洗いものが出ません。ほかに、よりをかけてヒモの代用にするなど、工夫しだいでさまざまに役立ちます。

道具は、発想しだいでさまざまな使いかたができます。水が十分にないときに、調理の工夫に、もりつけの工夫に、後かたづけに。ふだんから意識して、どんなふうに使えるか考えてみてください。その発想がいざというときに活きてきます。

アルミホイル

フライパンにしいて使えば、道具をよごしません。また、なべや食器にふたをしたり、おさらがわりにもなります。クシャッと丸めれば、たわしとしても使えます。

電気ポット

災害時、電気はライフラインの中ではほかより早くもとにもどります。電気ポットがあればお湯がわかせて、カップラーメンやお湯ポチャ調理(p88)に利用できます。

新聞紙

折り紙食器を作ったり、調理道具のよごれをふきとって洗いものをへらしたりと、さまざまな場面で使えます。防臭にも役立つので、生ゴミ処理にも活用しましょう！

そのほか

キッチンペーパーやクッキングシート、使いすてのビニール手袋、牛乳パック、紙ざらなどがあると、災害時のかぎられた条件の中での調理に役立ちます。

ごはんのたきかた①

電気・ガス・水道が止まっても、カセットコンロや水のそなえがあればごはんがたけます。炊飯器を使わずに作る方法を知っていると災害時以外にも役立つのでおぼえておきましょう。災害がおこると水が手に入りにくくなるので、ここでは無洗米を使います。もし無洗米が家になかったら、ふつうのお米をそのまま使ってもだいじょうぶ。臨機応変に対応することも、災害を上手にのりきるコツのひとつです。

カセットコンロ＋なべでたく方法

火かげんはこのくらいに！

①なべに水と米を入れる

カセットコンロにガスボンベをセットし、その上になべを置く。なべの中に分量をはかったお米（無洗米）と、水を入れる。

②ふたをして強火にかける

6〜7分ほどして（気温によります）なべの中でぶくぶくと音がし、小さなあわが出てあふれそうになったら弱火にする。（ふたは開けない）

材料（2人分）

無洗米…1合（150g）
水…1カップ強（240㎖）

お米はとがずに使える無洗米を！

お水は240㎖

できあがり！

③弱火にして10分

弱火にして10分たったら、ふたをあけて水分の量を確認する。まだ水分が残っている場合は、ふたをしてさらに1～2分弱火で加熱する。

④火をとめ10分むらす

水分がなくなり、たき上がったら火を止める。ふたをしたまま10分むらす。しゃもじで全体を切るようにまんべんなく混ぜる。

ごはんのたきかた②

ポリ袋で！

ここではp88で紹介する「お湯ポチャ」でごはんをたく方法をやってみましょう。ライフラインが止まったときでも、衛生的に手早く作れる合理的な調理法です。ごはんとおかずをいっぺんに作れて、しかも道具がよごれないので洗いものが出ず、前のページの方法よりも水が節約できます。ただしコツがあるので災害時にいきなりやってみるのは難しいかもしれません。なんでもないときに練習してみて！

水を節約！お湯ポチャ調理

上のほうで結ぶ
空気をぬきながらねじる
袋の材質に注意

①袋にお米と水を入れ結ぶ

高密度ポリエチレン製のポリ袋（p88）に、分量のお米と水を入れる。空気をぬきながらねじり上げ、袋の上のほうできっちり結ぶ。

②おさらをしいたなべに入れる

なべの底に、平たいおさらを入れる。袋が直になべにふれないようにする。なべの3分の1まで水を入れ、①の袋を入れる。

材料（2人分）
....
無洗米…1合
水…1カップ

> おかずも同時に！

ポリ袋調理ならごはんと同時におかずも作れます。いくつも入れるとふきこぼれるので、2袋くらいにしておきましょう。

> 調理に使ったお湯は繰り返し利用しよう！

> できあがり！

③約20分加熱する

なべにふたをしてコンロに火をつける。ふっとうするまでは強火で、ふっとうしたら中火〜弱火にし、そのまま約20分加熱する。

④火をとめ10分むらす

20分たったら火を止め、ふたをしたまま10分むらす。できあがったら、袋を広げてそのまま食べれば、器がなくても食事できる。

即食レシピ®

火なし水なし

災害時は復旧作業などやることがたくさんあり、じっくり調理する場所も時間もない場合があります。そんな状況のとき、火も水も使わずかんたんに作れるレシピを知っているととても役立ちます。ここでは袋の中で材料を混ぜ合わせるだけで即（すぐに）食べられる「即食レシピ®」を紹介します。「これがなければ作れない」というものはないので、その場にある食材で工夫して、いろいろアレンジしてみて！

作りかたのポイント

どんな袋でもOK
ポリ袋やジップロックなど、水分がもれない袋ならなんでも利用できます。

ボウルに袋をかぶせて作業
混ぜ合わせる時に水分がこぼれないよう、ボウルに袋をかぶせると安定します。

袋の上からもむ、たたく
作業はすべて袋の上から行います。よごれないので手や道具を洗わずにすみます。

ピーラーなどをうまく活用
食材をカットするときは、ピーラーなどを活用して洗いものをへらす工夫を。

計量スプーンがなければ
ペットボトルのふたは小さじ1と同じ約5㎖分。大さじは15㎖＝3杯分です。

> どれも まぜるだけ！

Recipe1

ミックスビーンズで3品すぐできる！

ツナケチャあえ

材料（2人分）

・ミックスビーンズドライパック……1缶
・ツナ缶……1缶
・ケチャップ……小さじ1

ポリ袋に材料をすべて入れ、まんべんなく混ぜる。

> いろんなものが作れる

あんこ玉

材料

・ミックスビーンズドライパック……1缶（約100g）
・ゆであずき……ミックスビーンズと同量1缶（約100g）

ドライカレー

材料（2人分）

・ミックスビーンズドライパック…1缶
・レトルトミートソース……1人分
・カレー粉……小さじ1

ポリ袋にミックスビーンズを入れてつぶしてから、ゆであずきを入れて混ぜる。

ポリ袋に材料をすべて入れて混ぜる。ごはん・パン・クラッカー・めん類にかけて食べる。

Recipe2

切りぼし大根で3品すぐできる！

イタリアン大根

材料（2人分）

・切りぼし大根……30g
・トマトジュース（食塩入り）
　……100㎖
・ツナ（油・食塩入り）……1缶

切りぼし大根はもどさずそのまま。ポリ袋に缶汁ごと材料をすべて入れ混ぜる。

※大根がかたい場合はしばらく置いてなじませてから食べます。

> いろんなものが作れる

ツナと大根のマヨあえ

材料（2人分）

・切りぼし大根……30g
・ツナ（油・食塩入り）……1缶
・マヨネーズ……適量（大さじ1）
・白すりごま……適量（大さじ1）

切りぼし大根はもどさずそのまま。ポリ袋に缶汁ごと材料をすべて入れて混ぜる。すりごまはなければ入れなくてもだいじょうぶ！

お茶でもどした塩こんぶ大根

材料（2人分）

・切りぼし大根……30g
・塩こんぶ……小さじ1
・お茶……100㎖

切りぼし大根はもどさずそのまま。ポリ袋に材料をすべて入れて混ぜる。お茶は緑茶、麦茶、ウーロン茶などなんでもOK

Recipe3

魚の缶づめで作る混ぜるだけの3品

ツナとひよこ豆のポテチあえ

材料(2人分)

- ツナ(油・食塩入り)……1缶
- ひよこ豆……1缶
- ポテトチップス……20g
- 塩、こしょう……少々

ポリ袋にひよこ豆を入れてつぶし、そこへ缶汁ごとツナとポテトチップスを入れて混ぜる。味を見て、塩、こしょうでととのえる。

> いろんなものが作れる

サバおかかコーンわかめ

材料(2人分)

- サバ水煮……1缶
- コーンドライパックレトルトパウチ……1袋
- カットわかめ……ひとつまみ
- かつおぶし……小1袋(4g)

ポリ袋に缶汁ごと材料をすべて入れ混ぜる。味が薄ければ、めんつゆ少々(分量外)を足す。

いわしの冷や汁

材料(1人分)

- いわしかば焼き……1缶
- 水……1/2カップ(100㎖)
- 白すりごま……大さじ1

ポリ袋に缶汁ごと材料をすべて入れて、よく混ぜる。

Recipe4

肉の缶づめで作る混ぜるだけの3品

焼き鳥カシューナッツマヨ

材料（2人分）

- 焼き鳥……1缶
- カシューナッツ……40g
- マヨネーズ……小さじ1

ポリ袋に缶汁ごと材料をすべて入れて混ぜる。

いろんなものが作れる

焼き鳥ときゅうりの酢のもの

材料（2人分）

- 焼き鳥……1缶
- きゅうり……1本
- 白すりごま……大さじ1
- 酢……小さじ1

ポリ袋にきゅうりを入れ、めんぼうでたたき、食べやすい大きさに手で折る。そこへ缶汁ごと焼き鳥、白すりごま、酢を加え混ぜる。

ささみと大根のゆかりあえ

材料（2人分）

- 鶏ささみ……1缶
- 大根……100〜150g
- カットわかめ……ひとつまみ
- ゆかり……小さじ1/2

大根をピーラーで薄くけずり、ポリ袋に入れる。ほかの材料を缶汁ごとすべて加えて混ぜる。

Recipe5

野菜ジュースで手軽に作れる3品

アルファ化米のピラフ風

材料（作りやすい分量）

- アルファ化米（五目、わかめ、ひじきなど）……1袋
- 野菜ジュース……1本（190〜200㎖）

アルファ化米の袋から脱酸素剤とスプーンをとり出す。野菜ジュースを入れてよく混ぜ、袋をとじて80分置く。

> いろんなものが作れる

コンビーフのトマコーンあえ

材料（2人分）

- コンビーフ……1缶
- ドライパックコーン……30g
- トマトジュース……50㎖
- カレー粉……少々

ポリ袋に材料をすべて入れる。コンビーフをよくほぐし、まんべんなく混ぜる。

ガスパチョ

材料（2人分）

- トマトジュース缶（塩入り）……1本（190㎖）
- おろしにんにく……少々
- オリーブ油……少々

器に材料をすべて入れて混ぜる。

> 少しの水で!

お湯(ゆ)ポチャレシピ®

ポリ袋を使った調理法は、うまみをのがさず、いくつかの料理を1つのなべで同時に作れるエコな方法です。なべの水は何度も使えるので節約になり、災害時に適しています。袋の中の空気をぬいて真空に近い状態にすることで火の通りが早くなり、味がしみやすくなります。ただし高密度ポリエチレン製のポリ袋でないと、熱でとける場合があるので、よく注意して作ってください。やけどにも気をつけましょう。

作りかたのポイント

どんな袋を使う?
熱に強い半とうめいの、高密度ポリエチレン製の袋を使います。

食材は平らに入れる
袋の中になるべく平らに食材を入れ、火の通りを均等にします。

なべの底におさらを
熱で袋にあながあくのをふせぐため、なべにおさらをしきます。

しっかり空気をぬく
袋をとじるときには空気をしっかりぬいてください。

袋の口近くを結ぶ
熱すると中身がふくらむので、袋の口に近いところを結びます。

味つけはひかえめに
味は後から薄くできないので、薄味に調理して後でととのえます。

※食べるときは結び目の下をはさみで切ってください。

Recipe1

たまごとワカメのラーメン

材料（1人分）

- インスタントラーメン
 ……1袋
- 水
 ……200㎖（1カップ）
- カットわかめ
 ……ひとつまみ
- 別添えのスープ
 ……1／2袋

A
- 卵……1個
- 水……小さじ1

ラーメンと卵を同時に、別々に調理！

別々に作るので卵は好みのかたさにできます。ラーメンをふつうより少ない水で作るので、味がこくならないように別添えのスープを半分の量にするのがポイントです。

（ 作りかた ）

高密度ポリエチレン製ポリ袋にA以外の材料をすべて入れる。別の袋に水小さじ1を入れ、卵をわり入れる。空気をぬいてそれぞれ袋をねじり上げる。

袋の上のほうをそれぞれ結ぶ。なべの3分の1まで水を入れて、なべの底におさらをしく。袋を2つとも入れる。

なべにふたをして火をつける。ふっとうしたら中火にし、約5分加熱する。できあがったらラーメンの上に卵をのせる。

Recipe2

フリーズドライのスープで作る雑煮

材料（1人分）

- もち……2個
- 水……100㎖
（1/2カップ）
- フリーズドライスープ
……1袋

具だくさんのスープを雑煮に

具がたっぷり入ったフリーズドライのスープや味噌汁を食べごたえのある食事にアレンジ。おもちを入れて加熱するだけで、手軽に雑煮が作れます。好きな味のスープでためしてみましょう。

（ 作りかた ）

高密度ポリエチレン製ポリ袋に材料をすべて入れて、なるべく空気をぬいて根元からねじり上げ、上のほうで結ぶ。

なべの3分の1まで水を入れ、なべの底におさらをしく。袋を入れて火をつける。ふっとうしたら中火にし約15分加熱する。

Recipe3

レトルト牛丼のもとで肉じゃが

材料（2人分）

- レトルト牛丼のもと
　……1袋
- じゃがいも
　……中1個（150g）
- にんじん
　……3cm（30g）

レトルトをアレンジしておかずに！

レトルト食品はそのまま食べるだけでなく、アレンジしだいで具だくさんのおかずにもなります。ポイントは、野菜をふつうに作るときよりも薄く切って火の通りをよくすること！

（ 作りかた ）

火が通りやすいように、じゃがいもとにんじんは薄めの半月切りか、いちょう切りにする。

高密度ポリエチレン製ポリ袋に材料をすべて入れ、なるべく空気をぬいて根元からねじり上げ、上のほうで結ぶ。

なべの3分の1まで水を入れ、底におさらをしく。袋を入れてふたをして火をつける。ふっとうしたら中火で約15分加熱する。

応用編① 炊飯器で！

Recipe4

2種のもっちり蒸しケーキ

材料（フルーツ／2人分）

- ホットケーキミックス
  ……50g
- 水
  ……50㎖（1/4カップ）
- フルーツ缶
  ……小1缶（190g）

材料（コーン／2人分）

- ホットケーキミックス
  ……50g
- コーンドライパック
  レトルトパウチ……1袋
- 水……50㎖（1/4カップ）

ホットケーキミックスで蒸しケーキ

ホットケーキミックスにフルーツやコーンを入れてよく混ぜ、加熱すれば、しっとり、もちもちした食感の蒸しケーキができあがります。好きな食材で作ってみましょう。

（ 作りかた ）

とり出すときは道具を使ってね！

高密度ポリエチレン製ポリ袋にホットケーキミックスと水を入れてよく混ぜ、さらにコーンまたはフルーツ缶（汁ごと）を入れて混ぜる。

空気を少し残したままねじり上げ、袋の上のほうを結ぶ。3分の1まで水を入れた炊飯器に袋を入れる。

ごはんをたくときと同様に炊飯スイッチを入れる。

応用編② 電気ポットで!

Recipe5

高野豆腐で作るマーボー

材料(3人分)

- 一口高野豆腐
  ……小18個(53g)
- 水……200mℓ
  (1カップ)
- レトルト麻婆豆腐のもと……1袋(3人分用)
※とろみが別添えタイプのものもすべて入れる

高野豆腐で中華のおかず

生の豆腐が手に入らないときは、乾物の高野豆腐でおかずを作ってみましょう。味が中までよくしみるので、ふつうの麻婆豆腐とはひと味ちがったおいしさになります!

(作りかた)

高密度ポリエチレン製ポリ袋に材料をすべて入れてよく混ぜ、なるべく空気が入らないようねじり上げ、袋の上のほうを結ぶ。

3分の1まで水を入れてふっとうさせた電気ポットに袋を入れて、約15分加熱する。

できあがったらトングなどの道具を使い、やけどに気をつけてとり出す。

★電気ポットや炊飯器は入れ物の3分の1の量まで水を入れて作ります。ポットなどの本来の使用法ではないので、安全には十分注意してください。加熱後、取り出すときはトングなどでつかみ、やけどに注意しましょう。

食中毒に気をつけよう

避難所は、ごはんを食べるところとねるところが同じ場所だったり、生ゴミをすてる場所がなかったり、水を使える量がかぎられていてよく手が洗えなかったりと、あまり衛生的ではない状況で生活する可能性があります。自宅で避難する場合でも、夏場や停電中などはとくに食べものがいたみやすく、食中毒のリスクが高くなります。災害のときは、どこにいても食中毒に気をつけてくらしましょう。

赤ちゃんや高齢者は
とくに気をつけて

食中毒に気をつけたほうがいい人

高齢者は消化吸収能力がおとろえていたり、抵抗力が低くなっていることがあるので、不衛生な食事をしたり手洗いがよくできなかったりすることで、食中毒や感染性胃腸炎をおこしてしまう可能性があります。下痢や嘔吐によって、体調を悪化させ、危険な状況におちいらないよう、食中毒や感染性胃腸炎を予防することが大切です。同じように、もともと病気がある人や、抵抗力の弱い乳幼児はとくに注意が必要です。

夏でも冬でも
同じように
注意して！

こんなときは要注意！

気温が高くなると食べものがくさりやすく、食中毒がおきやすくなります。高温多湿の季節に気をつけたいのは、O157やサルモネラ菌などの細菌による食中毒です。またノロウイルスなどのウイルスによる食中毒は冬に増えることから、食中毒対策は一年を通して重要といえます。細菌やウイルスは、生のお肉・お魚のほか、人の手、シンクやまな板、ふきんなどに付着します。いざというときのために必要なものをそなえておきましょう。

災害時に安全に食事するためのポイント

手洗いは食中毒・感染症予防の基本！

手を洗う

手洗いは大切。水が使えないとき①ウェットティッシュでよくふく②手指用消毒剤を手のひらにとり手洗いの手順で手指全体にすりこみましょう。

手袋やポリ袋を用意

調理のとき、素手で食品をさわらずにすみます。よごれたものをかたづけるときもかならず手袋などを使い、素手でさわらないようにしましょう。

使いすての紙ざらを使う

食器が洗えないときは使いすての紙ざらを利用しましょう。または、ラップを食器にまいて使うとおさらをよごさないので洗わずにすみます。

除菌ティッシュを

水が使えず手洗いができないときは、除菌ティッシュを活用しましょう。手指や調理器具のよごれを落としたり、消毒したりするのに役立ちます。

長時間放置しない

食べ残しや長時間放置したもの、いつ配られたかわからない食品は思いきってすてましょう。開封した食品は期限によらず早めに食べましょう。

調理不要のものを

まな板・包丁など調理器具にも細菌やウイルスがつく可能性があります。洗いものができないときはそのまま食べられるものを用意しましょう。

> 使いすてができる！

新聞紙で食器を作ろう

（ここでは緑色の折り紙を使って説明しています）

1 B5〜A4くらいにした長方形の紙を用意する

2 食器の内側になる面を上になるように置き、半分に折る

3 2をヨコに半分に折る

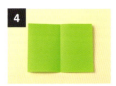

4 折り目がついたら、3を写真のようにひらく

5 右半分の紙の間に写真のように手を入れる

6 三角形にひらき、しっかり折る。ウラも同様に

7 両面が同じように折れたら、写真のようにめくる

8 ウラもオモテも、この状態になるように

9 右はし（写真の部分）を中心にむかって折る

10 反対側も折る

11 ウラも同じように折ったところ

12 写真の白い部分を、上に折り返す

13 ウラも同じように折ったところ

14 手で写真のようにもつ

15 紙をひらく

16 底をととのえて、はこ形の入れものが完成！

※できあがった紙のはこは、ラップやポリ袋をかぶせれば器がわりになります。

6時間目

今日からやる防災
今自分たちにできること

自分用の防災マップを作ろう

ハザードマップや、家族などと情報交換してあぶない場所をしらべ、平日すごす場所（学校や塾、友だちの家、よく行くお店など）から自宅までどの道を歩けば安全か確認してください。トイレや水飲み場がある公園、一時避難場所や避難所、帰宅支援ステーションなどを記入した自分用の防災マップを作りましょう。家族の携帯番号なども書きこんでおくと安心です。このマップを家族で共有しましょう。

> **危険なときはむりに帰らない！**
> がれきやほこりをかき分けて家まで帰るのはふだんの数倍たいへん。二次災害をさけるために、あぶないときはむりに帰らない決断も大切！

◆帰宅支援ステーションとは

企業が行政と「災害時における帰宅困難者支援に関する協定」を結び、この協定にもとづき支援を行う拠点です。水やトイレ、情報の提供が受けられるほか、休憩場所などが利用できます。コンビニなどに目印となるステッカーがあります。

◆帰宅困難者とは

自宅以外の場所で災害にあい、学校やつとめ先から自宅まで帰るのが難しくなった人のこと。家までの距離が近くても、道のとちゅうにガラスやがれきがあったり、余震などの危険があるときは、むりに帰宅しないほうがいい場合があります。

**自治体の
ハザードマップで
あぶない場所を
確認！**

津波・洪水・土砂災害などについて、危険な場所や、避難する場所をしめした地図のこと。各自治体が作成し市役所などで配布しています。ホームページで公開している場合も多いので、しらべておきましょう。

過去におきた災害もしらべてみて

住んでいる場所でどんな災害があったかしらべると、地域の特性がわかり対策を考えるのに役立ちます。

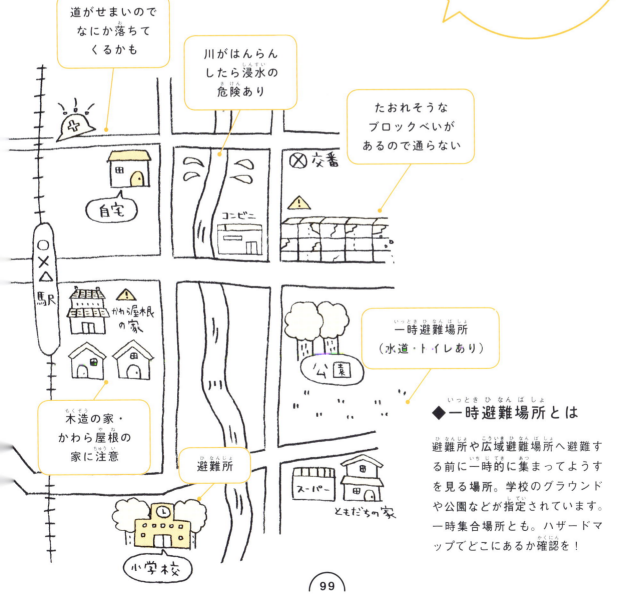

◆一時避難場所とは

避難所や広域避難場所へ避難する前に一時的に集まってようすを見る場所。学校のグラウンドや公園などが指定されています。一時集合場所とも。ハザードマップでどこにあるか確認を！

家族と話をしよう

災害がおきたらどう行動する？　だれに助けを求める？　どうやって連絡をとり合う？　日ごろから家族で話し合っておかないと、いざというとき行動できません。大切なことはみんなで確認し、紙にまとめて家族全員が携帯するようにしましょう。また、家族の毎日の予定を知っておくと、災害がおきたときにむだな心配をしないですみます。防災マップ（p98）を作ってみんなで共有することも大切です。

家族で確認！
大切なことを紙に書いてかばんに入れておこう

- **連絡をとり合う方法（3つぐらい）**
  なにがあるかわからないので連絡方法をいくつか考えておく
- **緊急連絡先**
  家族の携帯電話番号などを書いて身につける
- **はじめに行く避難場所**
  家族が落ち合う場所をいくつかきめておく
- **役割分担**
  だれがなにをするかきめておく
- **あぶない場所を話し合う**
  家の近くの危険な場所、家の中のあぶない場所を知っておく

非常持出袋はどこにある？

イヌやネコもいっしょに避難できる？

家の中は安全？

にげるとき、戸じまりってするの？

電話がつながらないときは171を！
災害用伝言ダイヤルを体験してみて

災害用伝言ダイヤル171は、毎月1日・15日や防災週間（8月30日9:00～9月5日17:00）に体験できます。伝言を聞いてもらいたい相手といっしょに練習してみてください。安否確認の伝言が聞けるように、日ごろから家族・親戚・友人の間で電話番号を確認しておくことも大切です。

携帯電話などをもっていない、使えない場合もあります。家や学校の近くの公衆電話がどこにあるかしらべ、使いかたを確認して！ デジタルタイプとアナログタイプがあるよ！

- おばあちゃんはどうやってにげる？
- 電話がつながらなかったら、どうすればいいの？
- 家にひとりだったらだれをよぶ？
- 近づいちゃダメな場所って？
- どこでみんなと落ち合う？
- まち合わせ場所をいくつかきめよう！
- まち合わせ場所があぶないときは？
- 避難するとき、ブレーカーは落とす？

助けをよぶ練習をしよう

ひとりでいるときに災害がおきたらどうしますか？　災害は時と場所を選びません。災害にあったらどうするか日ごろから想像しておくと、いざというときにパニックにならず落ちついて行動できます。たとえば家で留守番しているとき。学校の行き帰り。災害の状況に合わせて、とるべき行動はちがいます。臨機応変に対応できるよう、こまったときには助けをよべるよう、今のうちに練習しておくことが大切です。

災害時、もし家にひとりでいたら？

こまったときは助けをよぼう！
ご近所さんや近くの友人など、いざというときには大人をたよりましょう。家族で相談しておきましょう。

家の安全性が高ければ、危険なものが落ちてこない場所で家族の帰りをまちます。ただし火事・津波・土砂くずれなどのおそれがある場合はすぐにげてください。その際どうやって連絡をとり合うかきめておきましょう。

助けをよぶ必要にせまられたときのために、ふえなどをつねに携帯しておくと安心です。音の出しやすいふえを選んで用意しておきましょう。折りたためる非常用メガホンなどもあります。

ふえなど音の出るものをいつももち歩こう！

メガホン
ふえ（ホイッスル）

災害時、どこかにとじこめられたら？

大声を出しすぎると体力がなくなる
大声で助けをよぶと、体力を使ってすぐ声が出なくなります。まわりのものをたたいて音を出しましょう。

身動きがとれなくなったら、むりに体を動かそうとせずにケガはないか状況を確認してください。動けなかったりとじこめられたりしていたら、ふえを鳴らしたり近くのものをたたいて音を出して、存在に気づいてもらうことが大切です。

避難に必要なものを用意しよう

避難しなければあぶない状況になったら、靴やメガネ、手袋（軍手）などを身につけて行動します。必要なものは、まくらもとと玄関に置いておきましょう。すぐ装着できるか練習しておくと安心です。また、避難に必要なものは「非常持出袋」にまとめて、すぐにとり出せる場所に置いておきます（P106）。ここには命を守るためのものだけを入れ、避難生活をおくるための道具は別の袋に用意しましょう。

すぐにげるときのそなえ①

まくらもとに！

眠っているときに災害がおきると、落下物やわれたガラスなどが足もとにあったり、停電で明かりがつかなかったりするかもしれません。もしものために寝室にも防災グッズをそなえておきましょう。

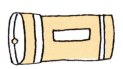

懐中電灯
停電するとたとえ家の中でも明かりがないと危険です

手袋（軍手）
われた食器などでケガをしないよう手袋をします

メガネ
必要な人はまくらもとに置いて寝るようにしましょう

ふえ
家の中や避難中にとじこめられたときに使います

スリッパやうわばき
災害後は家具や食器が飛び散って危険なので必要です

> スリッパは玄関で靴にはきかえてね！

104

かかとや
つま先がないもので
外に出ると
あぶない！

避難するときいちばん大切なのは靴です。学校にいればうわばきや靴をはいていますが、家にいた場合は玄関で靴をはいてから避難することになります。そのとき、すぐにはけるからとスリッパやサンダルで外に出てはいけません。かかとやつま先がない靴はとても危険です！

すぐにげるときのそなえ②
玄関におくもの

避難するときに身につける必要があるものは、玄関のとり出しやすい場所に置いておきましょう。ここに書いてあるものを身につけ、次のページの「非常持出袋」をもって避難します。

運動靴
かかとやつま先がしっかりある、歩きやすい靴が安心！

ヘルメット
成長に合わせて、自分の頭の大きさに合ったものを用意

手袋（軍手）
障害物や危険物、寒さから手を守るために必要です

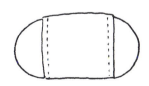

マスク
災害後は粉じんがひどいので必須。感染症予防にも

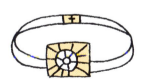

懐中電灯（ヘッドライト）
できれば両手が自由に使えるヘッドライトがおすすめ

レインコート
雨対策以外に火山灰・粉じんよけ、防寒着にもなります

命を守るために必要なものを 非常持出袋の中へ

非常持出袋にはここで紹介する「避難時にもち出すもの＝命を守るためのもの」を入れます。着がえなど、しばらく避難生活を送るために必要なものは別にまとめておき、落ちついてからとりに帰るようにしてください。2つに分ければ持出袋がパンパンにならず避難しやすくなります。

携帯ラジオ
電池のいらない手巻式か、予備の電池もいっしょに用意

懐中電灯（ヘッドライト）
すぐ出せるように、袋の外ポケットなどに入れて！

充電器
携帯バッテリーや乾電池式もあると安心です

紙とペン
ぬれる可能性があるので、水や日光で消えないペンを！

広域避難地図
防水加工されたものを小さくたたんで入れましょう

家族全員の写真
家族とはぐれたとき、安否を確認するために必要です

家族の連絡先メモ
デジタルよりも紙に書いてもつのが確実です

身分証コピー
健康保険証や学生証のコピーを入れておきましょう

ガムテープと油性ペン
自宅や避難所に書きおきを残すときなどに役立ちます

持出袋はぱっと
つかめるのが大事。
パンパンに
つめすぎないで！

持出袋はひとり１つ用意します。両手があくようにリュック型がおすすめ。できれば自分のお気に入りの色やデザインのリュックにして、いつも目にとまる、とり出しやすいところに置いておきましょう！

お金
ＡＴＭやカードが使えない可能性にそなえて現金が必要

水
500㎖のペットボトル２本、ゼリー飲料１～２個くらい

非常食
栄養補助食品など、小さくてすぐ食べられる携行食を

携帯トイレ
仮設トイレができるまでの間に必要。数枚入れましょう

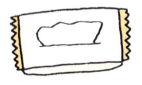

ウェットティッシュ
携帯用の小さなものを。食中毒の予防に役立ちます

ポリ袋
調理や防寒、よごれものの処理などに利用できます

ハンカチ・ティッシュ
災害時にかぎらず必要です。つねにもち歩きましょう

◆自分に合った避難用品を！

寒さが苦手ならカイロ、女性は生理用品、持病があれば薬など「これがないと生活できない」というものは人それぞれ。とくに避難所ではすぐに手に入らないものを用意しておきましょう。

忘れないで！ トイレのそなえ

災害でトイレが使えなくなると、水分をひかえたりトイレをがまんしたりして、体調をくずす場合があります。ひどくなると命にかかわることも。災害時のトイレ問題は、食べることと同じか、それ以上に大切な問題です。ふだんと同じように安心して用を足せるように、自分で非常用・携帯用トイレや、清潔に保つためのアルコール消毒液など衛生用品をそなえておきましょう。

5回分 × 人数分 × 7日分

いろんな種類があるから自分に合うものを探そう！

携帯用トイレもそなえよう

商品によって袋の色も処理する方法もさまざま。災害がおきる前に一度使い、使いやすいものをしらべ、やりかたになれておきましょう。

緊急トイレは身のまわりのもので！

ふたつきのゴミばこ　　大きめのゴミ袋　　新聞紙

災害時はゴミ収集が止まり汚物を家の中に置いておくことになります。ふたつきのゴミばこなどを活用して！

おわりに

防災には正解がありません。いろいろな方法があるので、自分に合うやりかたを見つけてください。もしものときはパニックにならずに最善をつくすこと。臨機応変に対応できるように、ふだんから意識してくらしましょう。被害を最小限に食い止めるために、今できるかぎりのそなえをしておいてください。そして災害後も元気にすごすためには、栄養バランスがとれた食事をとることが大切です。本書のレシピをくらしの中にとり入れてみてください。それが、もしものときの練習につながります。日々の生活そのものが災害へのそなえになることが理想です。災害がおきてからできることはかぎられていますが、今できることはたくさんあります。私の思いをつめこんだ本書が、みなさまのお役に立ってくれたらうれしく思います。

2018年8月　今泉マユ子

学校でも家でも災害へのそなえを意識してね！

防災の用語集

一時避難場所

避難場所へ避難する前に、一時的に集まってようすを見る場所。学校のグラウンドや公園などが指定されている

災害時給水所

災害で断水などがおきたときでも飲料水が確保できる、応急給水槽や給水所のこと。地域によりよびかたがちがう

首都直下地震

東京をふくむ首都圏を震源とする地震のこと

帰宅困難者

自宅以外の場所で地震や台風などの災害にあって、自宅に帰ることが難しくなった人のこと

在宅避難

災害時、自宅がこわれたりせず津波や火災などの危険がない場合、避難所へ行かず自宅で避難すること

浸水

洪水や津波、大雨などで建物や農地が水につかること。浸水の深さによって、床上浸水・床下浸水などとよぶ

救援物資

災害にあった人を支援するため、国や企業、民間団体などが送る食料や日用品などのこと。支援物資とも

災害食

災害がおこったときにそなえて用意する食べもの。カンパンなど非常用の食品からふだんの食品までを広くさす

震度

地震がおこったとき、ある場所におけるゆれの強さをあらわす0〜7の数字

携行食

もちはこべ、すぐ口にできる食べもののこと。携帯食とも。災害時だけでなく登山などのアウトドアでも利用される

地震調査委員会

地震の調査・研究をする文部科学省の機関。日本付近で大きな地震がおきる可能性について評価・公表している

たき出し

災害時の被災地などで、支援のために料理などを作って提供すること

広域避難場所

火災で地域全体があぶないとき、一時的に避難する場所。大きな公園、大学などが指定されている。避難場所とも

自然災害

地震・台風・火山噴火など自然がひきおこす災害のこと。人間の自然破壊などによっておこる災害は、人為災害とよぶ

通電火災

地震などで停電後、復旧して通電が再開された際に、たおれたストーブなどが原因で出火する火災のこと

南海トラフ地震

駿河湾沖から日向灘沖まで続く、海底の細長いみぞ「南海トラフ」の付近を震源とする地震のこと

東日本大震災

2011年3月11日の東北地方太平洋沖地震による災害のこと。最大震度7、マグニチュード9.0の大地震だった

復旧

こわれたものを、もとの状態にもどすこと。災害後は道路や電気、水道、ガス、通信などの復旧が重要になる

二次災害

災害時に救助活動中の人たちがさらに被害にあうなど、災害が原因で二次的におこる災害のこと

被災

災害にあうこと。災害にあった人を被災者とよぶ

粉じん

気体中にうかぶ、とても細かな固形物のこと。災害時にはこわれた建物や道路などから粉じんが飛ぶ

日常備蓄

ふだんの食べものや日用品を少し多めに買って、もしものときにそなえておくこと

非常持出袋

危険がせまり避難する必要にせまられたとき、もってにげる袋。懐中電灯やマスクなど最低限の道具だけを入れる

防災

地震や台風、火事などの災害について知り、被害を最小限におさえるための対策

ハザードマップ

津波や洪水、土砂くずれなど自然災害についての被害想定区域や、避難場所、救護施設などの情報をのせた地図

備蓄

災害時にものが手に入りにくくなることを想定し、ふだんから水や食べものや日用品をそなえておくこと

マグニチュード

地震のエネルギーの大きさをあらわす単位。ゆれの大きさ（震度）とはことなる

発災

災害がおこること。「発災後3日で」というときは災害がおきて3日で〜という意味

避難所

災害で自宅の建物がこわれたり焼け出されたりした人を受け入れ、保護するための場所。おもに学校や公民館など

ライフライン

電気・水道・ガス・通信・交通など生活をささえるシステム（インフラ）のこと

今泉マユ子　Mayuko Imaizumi

1969年徳島生まれ。横浜在住、2児の母。管理栄養士として大手企業社員食堂・病院・保育園に長年勤務。現在は企業アドバイザー・防災食アドバイザーとしてレシピ開発や商品開発に携わるほか、防災士・日本災害食学会災害食専門員・水のマイスターなどの資格を生かし全国各地で幅広く講演・講座・ワークショップを行う。NHK「あさイチ」「おはよう日本」、日本テレビ「ヒルナンデス！」、TBS「マツコの知らない世界」「王様のブランチ」などテレビ出演や、新聞、雑誌などで活躍中。『「もしも」に備える食 災害時でも、いつもの食事を』『かんたん時短、「即食」レシピ もしもごはん』『「もしも」に役立つ！おやこで防災力アップ』『レトルトの女王のアイデアレシピ ラクラクごはん』ほか著書多数。

防災ランチ®即食レシピ®お湯ポチャレシピ®は㈱オフィスRMの登録商標です。

参考資料
Web　内閣府防災情報のページ／東京都防災ホームページ／埼玉県 イツモ防災
冊子　私はこうして凌いだ〜食の知恵袋〜（公益財団法人 仙台ひと・まち交流財団）

商品提供
【注目！災害食ニュース】P36 レスキューフーズ 一食ボックス 詰め合わせ（カレーライス、シチュー＆ライス、牛丼）／ホリカフーズ株式会社　P37 アルファ米（尾西のわかめごはん、尾西の田舎ごはん）、尾西のライスクッキー（ココナッツ風味、いちご味）／尾西食品株式会社　もっちりぱんだ／合同会社スローフードファクトリー 長崎 あぐりの丘 まつやのライスるん（野菜＆きのこ、白米＋ホタテ貝カルシウム入り）、非常備蓄用ミキサー粥／まつや株式会社　P38 宇宙おにぎり 鮭、スペースアイスクリーム・いちごアイス、たこやき／株式会社ビー・シー・シー　あつあつ防災ミリメシ、防災クッキーセット、ポケットごはん、パック弁当／株式会社武蔵富装　P39 IZAMESHI（あんこ餅、ごはん、オレンジマフィン、濃厚トマトのスープリゾット、ごろごろ野菜のビーフシチュー、煮込みハンバーグ）／杉田エース株式会社　P40 野菜たっぷりスープ（豆、トマト、かぼちゃ）、野菜一日これ一本 長期保存用／カゴメ株式会社　HOSHIKO（ラーメン、みそ汁、スープ、乾燥キャベツ＆玉ねぎ）／株式会社HOSHIKO Links　P41 常備用カレー職人（甘口、中辛）／江崎グリコ株式会社　手羽先玄米リゾット・ミニ200g（トマト味、和風味、カレー味）／株式会社魚藤　サバイバル®フーズ（チキンシチュー、洋風えび雑炊）／株式会社セイエンタプライズ　【定番の災害食を知ろう】P42 缶入りカンパン（キャップ付）／株式会社ブルボン　缶入りカンパン100g／三立製菓株式会社　K&K かんぱん 110g／国分グループ本社株式会社　P44 新食缶ベーカリー（Egg Free プレーン、ミルク、チョコ）／アスト株式会社　ウルトラマン缶 de ボローニャ（ウルトラマン缶・チョコ味、バルタン星人缶・メープル味、ブースカ缶・プレーン味）／株式会社ボローニャFC本社　PANCAN（オレンジ、ビターキャラメル、那須高原バター）／株式会社パン・アキモト　P46 アルファ米（尾西のえびピラフ、尾西の白飯、尾西の五目ごはん）／尾西食品株式会社　マジックライス（ドライカレー、雑炊、青菜ご飯）／株式会社サタケ　安心米（わかめご飯、山菜おこわ、梅がゆ）／アルファー食品株式会社　P48 フリーズドライご飯（チャーハン味、炊き込み五目、ピラフ味、カレー味）／株式会社永谷園　即席みそ汁、即席オニオンスープ、即席卵スープ／株式会社おむすびころりん本舗　P50 にんべんかつお節入り だしがゆ（鮪、鶏、こんぶ、鮭、あずき）／株式会社ユニーク総合防災　P50 7年保存レトルト食品（カレーピラフ、コーンピラフ、五目ごはん）／株式会社グリーンケミー　P52 ビスコ保存缶／江崎グリコ株式会社　保存用ミレービスケット缶／株式会社アミノエース　えいようかん、チョコえいようかん／井村屋株式会社　P52 どこでもスイーツ缶（チーズケーキ、ガトーショコラ、抹茶のチーズケーキ）／トーヨーフーズ株式会社

画像提供　P20 横浜市水道局

取材協力　P50 公益社団法人 日本缶詰びん詰レトルト食品協会

防災教室　災害食がわかる本

著者　　今泉マユ子
撮影　　末松正義
取材　　嶺月香里
イラスト　matsu
デザイン　パパスファクトリー
校正　　宮澤紀子

発行者　鈴木博喜
編集　　大嶋奈穂
発行所　株式会社　理論社
　　　　〒101-0062　東京都千代田区神田駿河台2-5
　　　　電話　営業 03-6264-8890
　　　　　　　編集 03-6264-8891
　　　　URL　https://www.rironsha.com

2018年 8 月初版
2024年 10 月第 8 刷発行

印刷・製本　TOPPANクロレ　上製加工本
©2018 rironsha, Printed in Japan
ISBN978-4-652-20274-6　NDC369　B5判　27cm　111p

落丁・乱丁本は送料小社負担にてお取替え致します。本書の無断複製（コピー・スキャン、デジタル化等）は著作権法の例外を除き禁じられています。私的利用を目的とする場合でも、代行業者等の第三者に依頼してスキャンやデジタル化することは認められておりません。

今すぐやろう！非常時のそなえ
〈ひとり1セット用意して！〉

（書いてあるものは例です。中身も数も、自分に必要なものを考えて用意しましょう）

まくらもとに置くものチェックリスト

☐ 懐中電灯	☐ 手袋（軍手）	☐ メガネ
☐ ふえ	☐ スリッパやうわばき	

非常持出袋（とっさにもち出すもの）に入れるものリスト

必需品

☐ 懐中電灯（と予備の乾電池）	☐ ヘッドライト
☐ マスク	☐ 広域避難地図
☐ 家族の写真	☐ 紙とペン
☐ ハサミ	☐ ガムテープと油性ペン
☐ 簡易ブランケット	

ほかに玄関に置くもの

☐ 運動靴
☐ ヘルメット
☐ 手袋（軍手）
☐ マスク
☐ ヘッドライト
☐ レインコート

貴重品

☐ 現金	☐ 家の鍵
☐ 身分証のコピー	☐ 通帳と印鑑

情報収集

☐ 携帯電話	☐ 携帯電話の充電器・予備バッテリー
☐ 家族の連絡先メモ	☐ 携帯ラジオ

飲食物

☐ 栄養補助食品やミニようかん	☐ 水（ペットボトル・ゼリー飲料）

衛生・健康用品

☐ ハンカチ	☐ ポケットティッシュ	☐ ウェットティッシュ
☐ 携帯用歯ブラシ	☐ 携帯トイレ	☐ 生理用品
☐ ポリ袋	☐ 常備薬	☐ ばんそうこう

今すぐやろう！非常時のそなえ
〈家族の分を相談して用意して！〉

（書いてあるものは例です。家族に必要なもの・数をそろえましょう）

家に置いておく備蓄品リスト

災害へのそなえ

☐ 懐中電灯	☐ 携帯ラジオ	☐ カセットコンロ
☐ ガスボンベ	☐ 携帯トイレ	

食料

☐ ペットボトルなど（水・お茶・それ以外の飲料）		☐ レトルト食品
☐ 主食（無洗米・パックごはん・アルファ化米・パン缶づめ・乾めんなど）		☐ 缶づめ（肉・魚・野菜・くだもの）
☐ 乾物やドライパック	☐ 野菜ジュース	☐ フリーズドライ食品
☐ おかし	☐ 栄養補助食品	☐ 調味料

日用品

☐ ポリ袋（大・中・小）	☐ ラップ	☐ アルミホイル
☐ ティッシュペーパー	☐ トイレットペーパー	☐ ウェットティッシュ
☐ 使いすて手袋	☐ 使いすてカイロ	☐ 携帯電話の予備バッテリー
☐ 乾電池	☐ 紙ざら・紙コップ・わりばし	

健康・衛生用品

☐ 常備薬・ばんそうこう	☐ 予備のメガネ	☐ 除菌ティッシュ
☐ アルコール消毒液	☐ 歯ブラシ	

そのほか（家族に合わせて）

☐ 粉ミルク	☐ 離乳食
☐ おむつ	☐ おしりふき
☐ 生理用品	☐ 補聴器用電池
☐ 入れ歯洗浄剤と洗浄用の水	

もしもに そなえよう！